应用型高等院校经管类系列实验教材·计算机

数字电路实验

Shu Zi Dian Lu Shi Yan

乔梁/主编

经济科学出版社
Economic Science Press

图书在版编目（CIP）数据

数字电路实验／乔梁主编．—北京：经济科学出版社，2010.7（2017.7 重印）
（应用型高等院校经管类系列实验教材·计算机）
ISBN 978－7－5058－9637－6

Ⅰ.①数… Ⅱ.①乔… Ⅲ.①数字电路—实验—高等学校—教材 Ⅳ.①TN79－33

中国版本图书馆 CIP 数据核字（2010）第 128981 号

责任编辑：白留杰 张占芬
责任校对：郑淑艳
版式设计：代小卫
技术编辑：李 鹏

数字电路实验
乔 梁 主编
经济科学出版社出版、发行 新华书店经销
社址：北京市海淀区阜成路甲 28 号 邮编：100142
教材编辑中心电话：88191354 发行部电话：88191540
网址：www.esp.com.cn
电子邮件：bailiujie518@126.com
北京汉德鼎印刷有限公司印刷
三河市华玉装订厂装订
787×1092 16 开 8.5 印张 190000 字
2010 年 9 月第 1 版 2017 年 7 月第 2 次印刷
ISBN 978－7－5058－9637－6 定价：17.00 元
（图书出现印装问题，本社负责调换）

总　序

实践教学是高等教育本质的必然要求，是践行应用型人才培养的必经之路，是地方行业性教学型本科院校办学的重要特征。近几年来，各高校经济与管理类专业实验教学已经逐步开展，把实验教学作为教学改革的抓手、知识融合的平台以及联系社会的桥梁，然而如何进一步完善实验教学体系、提高实验实践教学水平与质量已经成为各高校亟待解决的问题。应用型高等院校经管类系列实验教材以提高高等院校经济与管理类专业实验教学的建设水平为目的，以实验教材建设为突破口，探讨高等院校经济与管理类实验教材的新方向、新思路、新内容、新模式。

本系列实验教材的编写紧紧围绕“知行合一，能力为尚，积淀特色，共享协作”的地方行业性教学型经济与管理类实验教学理念，贯彻以现代教育技术为基本手段，以实验资源共享与应用为条件，强化理论教学与实践教学互动与互补，“实践与理论相结合”和在“做中学”的指导思想，强调实验教材建设与实验课程建设、实验项目建设、实验教师队伍建设以及深化实验教学改革相结合，力图通过系列教材建设规范实验教学内容和实验项目，促进实验教学质量的提高。

（一）本系列实验教材内容与教学方式符合实验教学规律和要求。具体表现在以下几个方面：

1. 实验教材以实验项目为章节，按如下体例编写：实验目的和实验要求；实验的基本原理；实验仪器、软件和材料或实验环境；实验方法和操作步骤；实验注意事项；数据处理和实验结果分析；实验报告。当然，对于不同的课程，根据其本身的学科特点，实验教材的编写体例并不完全一致。

2. 增加综合性、设计性、创新性实验项目的比例，并逐步将科研成果项目转化为教材的实验项目。

3. 与当前流行的实验平台软件或硬件及教材内容紧密结合，符合一般软件要求。

4. 充分体现以学生为主体，明确实验教学的内涵。实验教学过程体现以学生操作为主，教师辅导为辅，少量时间教师讲解，大部分时间学生操作的特点。

5. 按实验教学规律分配学时，并且有多余的实验项目供学生利用开放实验室自主学习。

6. 内容精练，主次分明，详略得当，文字通俗易懂，图表与正文密切配合。

（二）本系列实验教材遵循实验教学规律，体现时代特色，总体来说，具有以下四个特点：

1. 与现代典型案例相结合。以培养应用型人才为原则，根据实验教学大纲，注重理论联系实际，教材具有较强的实践性、新颖性、启发性和适用性，有利于培养学生的实践能力和创新能力。

2. 建设形式新颖。实验教材分为纸质实验教材和网络资源的形式；纸质教材实验报告尝试做成活页形式，或做成可撕下的带切割线形式；在纸质教材出版，配套建有供学生实验前和实验后学习使用的网络资源。

3. 实验内容创新。对于实验教材编写内容上的创新，一是凸显应用型人才培养特色实验项目，提高了综合性、设计性、创新性实验项目的比例；二是将教师的科研成果转化为本科学生实验教学项目。

4. 编写程序严格。对实验教材的申请立项的实验教材经由学院领导及专家进行立项审查；实验教材初稿经由相关同行专家给出鉴定，最终审核后，送交出版社评审出版。

本系列教材得到各方面人士的指导、支持和帮助，尤其是得到中国经济信息学会实验经济学与经济管理实验室专业委员会的专家，广东金电集团等多家业界人士，以及各高校同行老师们的支持和帮助，我们在此表示由衷的感谢。本系列实验教材尚处于探索阶段，作为一种努力和尝试，存在诸多不足之处，竭诚希望得到广大同行及相关专家的批评指正。

应用型高等院校经管类系列实验教材编委会

2009 年 12 月

前　言

《数字电路实验》课程是通信、电子及计算机类专业的重要实践性基础课，是学习数字电子技术的一个重要环节。对巩固和加强课堂教学内容，提高学生实际工作技能，培养科学作风，为学习后续课程和从事实践技术工作奠定基础具有重要作用。

为适应数字电子技术的迅猛发展和教学改革不断深入的需要，作者根据最新的数字电路教学大纲并且结合应用型经济管理类高等院校的实际情况，在二十多年教学实践的基础上编写了本书。本书的实验安排符合数字电路理论课的教学基本要求，内容安排上注重数字集成电路的应用，并力求尽可能考虑数字技术发展趋势及应用。本书不仅包括基础性测试和验证实验，还增加了综合设计性实验项目。实验内容的安排遵循循序渐进，由浅入深的规律，基本覆盖了典型的数字电路实验。有些实验只提供设计要求及原理简图，由学生自己完成方案选择，实验步骤及记录表格等，充分发挥学生的创造性和主动性。由于计数器是数字逻辑电路的基本器件，用途十分广泛、灵活，在实际应用中具有重要的地位。是银行自动取款机、点钞机以及各种家用电器等硬件设备中不可缺少的组成元件。因此本实验教程选择任意进制计数器的设计作为特色性实验项目，并且用＊符号标出。

本书以素质教育为目标，注重综合性、研究性学习方式在教学中的应用，力求使学生通过实验加深对基础知识的理解，同时强化实际的动手能力，培养学生的创新精神，增强学生理论联系实际的能力，培养学生独立分析问题、解决问题能力和严谨的工作作风，提高学生的工程素质，切实做到理论与实际应用相结合。

本书根据学生初学数字电路的实际情况，有针对性地设计了每个实验题目。每个实验包括“实验目的”、“实验仪器及器材”、“实验原理”、“实验内容及步骤”和“思考题”等内容。

本书的编写工作得到各方面人士的指导、支持和帮助，尤其是得到广东金融学院计算机系陈国君教授、蔡换夫教授的支持和配合，在此表示衷心的感谢。

由于编者水平有限，时间比较仓促，书中难免存在纰漏之处，错误及欠缺之处恳请广大师生和读者提出批评和建议。

编　者

目　录

第一部分

实验基础知识

随着科学技术的发展，数字技术在各个科学领域中都得到了广泛的应用。数字电路是一门实践性很强的技术基础课，在学习中不仅要掌握基本原理和基本方法，更重要的是学会灵活应用。因此，需要配有一定数量的实验，才能掌握这门课程的基本内容，熟悉各单元电路的工作原理，各集成器件的逻辑功能和使用方法，从而有效地培养学生理论联系实际和解决实际问题的能力，树立科学的工作作风。

一、实验的基本过程

实验的基本过程，应包括确定实验内容，选定最佳的实验方法和实验线路，拟出较好的实验步骤，合理选择仪器设备和元器件，进行连接安装和调试，最后写出完整的实验报告。

在进行数字电路实验时，充分掌握和正确利用集成元件及其构成的数字电路独有的特点和规律，可以收到事半功倍的效果，对于完成每一个实验，应做好实验预习，实验记录和实验报告等环节。

（一）实验预习

认真预习是做好实验的关键，预习好坏，不仅关系到实验能否顺利进行，而且直接影响实验效果，预习应按本教材的实验预习要求进行，在每次实验前首先要认真复习有关实验的基本原理，掌握有关器件使用方法，对如何着手实验做到心中有数，通过预习还应做好实验前的准备，写出一份预习报告，其内容包括：

1. 绘出设计好的实验电路图，该图应该是逻辑图和连线图的混合，既便于连接线，又反映电路原理，并在图上标出器件型号、使用的引脚号及元件数值，必要时还须用文字说明。

2. 拟定实验方法和步骤。

3. 拟好记录实验数据的表格和波形坐标。

4. 列出元器件单。

（二）实验记录

实验记录是实验过程中获得的第一手资料，测试过程中所测试的数据和波形必须和理论基本一致，所以记录必须清楚、合理、正确，若不正确，则要现场及时重复测试，找出原因。实验记录应包括如下内容：

1. 实验任务、名称及内容。

2. 实验数据和波形以及实验中出现的现象，从记录中应能初步判断实验的正确性。

3. 记录波形时，应注意输入、输出波形的时间相位关系，在坐标中上下对齐。

4. 实验中实际使用的仪器型号和编号以及元器件使用情况。

（三）实验报告

实验报告是培养学生科学实验的总结能力和分析思维能力的有效手段，也是一项重要的基本功训练，它能很好地巩固实验成果，加深对基本理论的认识和理解，从而进一步扩大知识面。

实验报告是一份技术总结，要求文字简洁，内容清楚，图表工整。报告内容应包括实验目的、实验内容和结果、实验使用仪器和元器件以及分析讨论等，其中实验内容和结果是报告的主要部分，它应包括实际完成的全部实验，并且要按实验任务逐个书写，每个实验任务应有如下内容：

1. 实验课题的方框图、逻辑图（或测试电路）、状态图，真值表以及文字说明等，对于设计性课题，还应有整个设计过程和关键的设计技巧说明。

2. 实验记录和经过整理的数据、表格、曲线和波形图，其中表格、曲线和波形图应充分利用专用实验报告简易坐标格，并用三角板、曲线板等工具描绘，力求画得准确，不得随手示意画出。

3. 实验结果分析、讨论及结论，对讨论的范围，没有严格要求，一般应对重要的实验现象，结论加以讨论，以使进一步加深理解，此外，对实验中的异常现象，可做一些简要说明，实验中有何收获，可谈一些心得体会。

二、实验操作规范和常见故障检查方法

实验中操作的正确与否对实验结果影响甚大。因此，实验者需要注意按以下规程进行。

1. 搭接实验电路前，应对仪器设备进行必要的检查校准，对所用集成电路进行功能测试。

2. 搭接电路时，应遵循正确的布线原则和操作步骤（即要按照先接线后通电，做完后，

先断电再拆线的步骤）。

3. 掌握科学的调试方法，有效地分析并检查故障，以确保电路工作稳定可靠。

4. 仔细观察实验现象，完整准确地记录实验数据并与理论值进行比较分析。

5. 实验完毕，经指导教师同意后，可关断电源拆除连线，整理好放在实验箱内，并将实验台清理干净、摆放整洁。

布线原则和故障检查是实验操作的重要问题。

（一）布线原则：应便于检查，排除故障和更换器件

在数字电路实验中，由错误布线引起的故障，常占很大比例。布线错误不仅会引起电路故障，严重时甚至会损坏器件，因此，注意布线的合理性和科学性是十分必要的，正确的布线原则大致有以下几点：

1. 接插集成电路时，先校准两排引脚，使之与实验底板上的插孔对应，轻轻用力将电路插上，然后在确定引脚与插孔完全吻合后，再稍用力将其插紧，以免集成电路的引脚弯曲，折断或者接触不良。

2. 不允许将集成电路方向插反，一般IC的方向是缺口（或标记）朝左，引脚序号从左下方的第一个引脚开始，按逆时针方向依次递增至左上方的第一个引脚。

3. 导线应粗细适当，一般选取直径为0.6～0.8mm的单股导线，最好采用各种色线以区别不同用途，如电源线用红色，地线用黑色。

4. 布线应有秩序地进行，随意乱接容易造成漏接错接，较好的方法是接好固定电平点，如电源线、地线、门电路闲置输入端、触发器异步置位复位端等，其次，在按信号源的顺序从输入到输出依次布线。

5. 连线应避免过长，避免从集成元件上方跨接，避免过多的重叠交错，以利于布线、更换元器件以及故障检查和排除。

6. 当实验电路的规模较大时，应注意集成元器件的合理布局，以便得到最佳布线，布线时，顺便对单个集成元件进行功能测试。这是一种良好的习惯，实际上这样做不会增加布线工作量。

7. 应当指出，布线和调试工作是不能截然分开的，往往需要交替进行，对大型实验元器件很多的，可将总电路按其功能划分为若干相对独立的部分，逐个布线、调试（分调），然后将各部分连接起来（联调）。

（二）故障检查

实验中，如果电路不能完成预定的逻辑功能时，就称电路有故障，产生故障的原因大致可以归纳以下四个方面：（1）操作不当（如布线错误等）；（2）设计不当（如电路出现险象等）；（3）元器件使用不当或功能不正常；（4）仪器（主要指数字电路实验箱）和集成元件本身出现故障。

因此，上述四点应作为检查故障的主要线索，以下介绍几种常见的故障检查方法。

1. 查线法。由于在实验中大部分故障都是由于布线错误引起的，因此，在故障发生时，

复查电路连线为排除故障的有效方法。应着重注意：有无漏线、错线，导线与插孔接触是否可靠，集成电路是否插牢、集成电路是否插反等。

2. 观察法。用万用表直接测量各集成块的 V_{CC} 端是否加上电源电压；输入信号、时钟脉冲等是否加到实验电路上，观察输出端有无反应。重复测试观察故障现象，然后对某一故障状态，用万用表测试各输入/输出端的直流电平，从而判断出是否是插座板、集成块引脚连接线等原因造成的故障。

3. 信号注入法。在电路的每一级输入端加上特定信号，观察该级输出响应，从而确定该级是否有故障，必要时可以切断周围连线，避免相互影响。

4. 信号寻迹法。在电路的输入端加上特定信号，按照信号流向逐线检查是否有响应和是否正确，必要时可多次输入不同信号。

5. 替换法。对于多输入端器件，如有多余端则可调换另一输入端试用。必要时可更换器件，以检查器件功能不正常所引起的故障。

6. 动态逐线跟踪检查法。对于时序电路，可输入时钟信号按信号流向依次检查各级波形，直到找出故障点为止。

7. 断开反馈线检查法。对于含有反馈线的闭合电路，应该设法断开反馈线进行检查，或进行状态预置后再进行检查。

以上检查故障的方法，是指在仪器工作正常的前提下进行的，如果实验时电路功能测不出来，则应首先检查供电情况，若电源电压已加上，便可把有关输出端直接接到0—1显示器上检查，若逻辑开关无输出，或单次CP无输出，则是开关接触不好或是内部电路坏了，一般就是集成器件坏了。

需要强调指出，实践经验对于故障检查是大有帮助的，但只要充分预习，掌握基本理论和实验原理，就不难用逻辑思维的方法较好地判断和排除故障。

三、数字集成电路概述、特点及使用须知

（一）概述

当今，数字电子电路几乎已完全集成化了。因此，充分掌握和正确使用数字集成电路，用以构成数字逻辑系统，就成为数字电子技术的核心内容之一。

集成电路按集成度可分为小规模、中规模、大规模和超大规模等。小规模集成电路（SSI）是在一块硅片上制成约1～10个门，通常为逻辑单元电路，如逻辑门、触发器等。中规模集成电路（MSI）的集成度约为10～100门/片，通常是逻辑功能电路，如译码器、数据选择器、计数器、寄存器等。大规模集成电路（LSI）的集成度约为100门/片以上，超大规模（VLSI）约为1000门/片以上，通常是一个小的数字逻辑系统。现已制成规模更大的极大规模集成电路。

数字集成电路还可分为双极型电路和单极型电路两种。双极型电路中有代表性的是TTL电路；单极型电路中有代表性的是CMOS电路。国产TTL集成电路的标准系列为CT54/74系列或CT0000系列，其功能和外引线排列与国际54/74系列相同。国产CMOS集成电路主

要为 CC（CH）4000 系列，其功能和外引线排列与国际 CD4000 系列相对应。高速 CMOS 系列中，74HC 和 74HCT 系列与 TTL74 系列相对应，74HC4000 系列与 CC4000 系列相对应。

部分数字集成电路的逻辑表达式、外引线排列图列于附录中。逻辑表达式或功能表描述了集成电路的功能以及输出与输入之间的逻辑关系。为了正确使用集成电路，应该对它们进行认真研究，深入理解，充分掌握。还应对使能端的功能和连接方法给以充分的注意。

必须正确了解集成电路参数的意义和数值，并按规定使用。特别是必须严格遵守极限参数的限定，因为即使瞬间超出，也会使器件遭受损坏。

（二）集成电路的特点和使用须知

1. TTL 器件的特点。

（1）输入端一般有钳位二极管，减少了反射干扰的影响；

（2）输出电阻低，增强了带容性负载的能力；

（3）有较大的噪声容限；

（4）采用 +5V 的电源供电。

为了正常发挥器件的功能，应使器件在推荐的条件下工作，对 CT0000 系列（74LS 系列）器件，主要有：（1）电源电压应 4.75V ~ 5.25V 的范围内。（2）环境温度在 0℃ ~ 70℃。（3）高电平输入电压 $V_{IH} > 2V$，低电平输入电压 $V_{SL} < 0.8V$。（4）输出电流应小于最大推荐值（查手册）。（5）工作频率不能高，一般的门和触发器的最高工作频率约 30MHz。

2. TTL 器件使用须知。

（1）电源电压应严格保持在 5V ±10% 的范围内，过高易损坏器件，过低则不能正常工作，实验中一般采用稳定性好、内阻小的直流稳压电源。使用时，应特别注意电源与地线不能错接，否则会因过大电流而造成器件损坏。

（2）多余输入端最好不要悬空，虽然悬空相当于高电平，并不能影响与门（与非门）的逻辑功能，但悬空时易受干扰，为此，与门、与非门多余输入端可直接接到 V_{CC} 上，或通过一个公用电阻（几千欧）连到 V_{CC} 上。若前级驱动能力强，则可将多余输入端与使用端并接，不用的或门、或非门输入端直接接地，与或非门不用的与门输入端至少有一个要直接接地，带有扩展端的门电路，其扩展端不允许直接接电源。

（3）输出端不允许直接接电源或接地（但可以通过电阻与电源相连）；不允许直接并联使用（集电极开路门和三态门除外）。

（4）应考虑电路的负载能力（即扇出系数）。要留有余地，以免影响电路的正常工作，扇出系数可通过查阅器件手册或计算获得。

（5）在高频工作时，应通过缩短引线、屏蔽干扰源等措施，抑制电流的尖峰干扰。

3. CMOS 数字集成电路的特点。

（1）静态功耗低：电源电压 $V_{DD} = 5V$ 的中规模电路的静态功耗小于 100μW，从而有利于提高集成度和封装密度，降低成本，减小电源功耗。

（2）电源电压范围宽：4000 系列 CMOS 电路的电源电压范围为 3V ~ 18V，从而使选择电源的余地大，电源设计要求低。

（3）输入阻抗高：正常工作的 CMOS 集成电路，其输入端保护二极管处于反偏状态，直流输入阻抗可大于100MΩ，在工作频率较高时，应考虑输入电容的影响。

（4）扇出能力强：在低频工作时，一个输出端可驱动50个以上的CMOS器件的输入端，这主要因为CMOS器件的输入电阻高的缘故。

（5）抗干扰能力强：CMOS集成电路的电压噪声容限可达电源电压的45%，而且高电平和低电平的噪声容限值基本相等。

（6）逻辑摆幅大：空载时，输出高电平 $V_{OH} > V_{DD} - 0.05V$，输出低电平 $V_{OL} < V_{SS} + 0.05V$。

CMOS集成电路还有较好的温度稳定性和较强的抗辐射能力。不足之处是，一般CMOS器件的工作速度比TTL集成电路低，功耗随工作频率的升高而显著增大。

CMOS器件的输入端和 V_{SS} 之间接有保护二极管，除了电平变换器等一些接口电路外，输入端和正电源 V_{DD} 之间也接有保护二极管，因此，在正常运转和焊接CMOS器件时，一般不会因感应电荷而损坏器件。但是，在使用CMOS数字集成电路时，输入信号的低电平不能低于（$V_{SS} - 0.5V$），除某些接口电路外，输入信号的高电平不得高于（$V_{DD} + 0.5V$），否则可能引起保护二极管导通，甚至损坏进而可能使输入级损坏。

4. CMOS器件使用须知。

（1）电源连接和选择：V_{DD} 端接电源正极，V_{SS} 端接电源负极（地）。绝对不许接错，否则器件因电流过大而损坏。对于电源电压范围为3V～18V系列器件。如CC4000系列，实验中 V_{DD} 通常接+5V电源，V_{DD} 电压选在电源变化范围的中间值，例如电源电压在8V～12V变化，则选择 $V_{DD} = 10V$ 较恰当。

CMOS器件在不同的 V_{DD} 值下工作时，其输出阻抗、工作速度和功耗等参数都有所变化，设计中须考虑。

（2）输入端处理：多余输入端不能悬空。应按逻辑要求接 V_{DD} 或接 V_{SS}，以免受干扰造成逻辑混乱，甚至还会损坏器件。对于工作速度要求不高，而要求增加带负载能力时，可把输入端并联使用。

对于安装在印刷电路板上的CMOS器件，为了避免输入端悬空，在电路板的输入端应接入限流电阻 R_P 和保护电阻R，当 $V_{DD} = +5V$ 时，R_P 取5.1kΩ，R一般取100kΩ～1MΩ。

（3）输出端处理：输出端不允许直接接 V_{DD} 或 V_{SS}，否则将导致器件损坏，除三态（TS）器件外，不允许两个不同芯片输出端并联使用，但有时为了增加驱动能力，同一芯片上的输出端可以并联。

（4）对输入信号 V_I 的要求：V_I 的高电平 $V_{IH} < V_{DD}$，V_{IL} 的低电平 V_{IL} 小于电路系统允许的低电压；当器件 V_{DD} 端末接通电源时，不允许信号输入，否则将使输入端保护电路中的二极管损坏。

四、数字逻辑电路的测试方法

（一）组合逻辑电路的测试

组合逻辑电路测试的目的是验证其逻辑功能是否符合设计要求，也就是验证其输出与输入的关系是否与真值表相符。

1. 静态测试。静态测试是在电路静止状态下测试输出与输入的关系，将输入端分别接到逻辑开关上，用发光二极管分别显示各输入和输出端的状态。按真值表将输入信号一组一组地依次送入被测电路，测出相应的输出状态，与真值表相比较，借以判断此组合逻辑电路静态工作是否正常。

2. 动态测试。动态测试是测量组合逻辑电路的频率响应。在输入端加上周期性信号，用示波器观察输入、输出波形。测出与真值表相符的最高输入脉冲频率。

（二）时序逻辑电路的测试

时序逻辑电路测试的目的是验证其状态的转换是否与状态图相符合。可用发光二极管、数码管或示波器等观察输出状态的变化。常用的测试方法有两种。一种是单拍工作方式，以单脉冲源作为时钟脉冲，逐拍进行观测。另一种是连续工作方式，以连续脉冲源作为时钟脉冲，用示波器观察波形，来判断输出状态的转换是否与状态图相符。

第二部分

基础实验

实验一

基本逻辑电路功能测试

一、实验目的

1. 验证常用集成门电路的逻辑功能。
2. 了解各种门电路的逻辑符号。
3. 了解集成电路的引脚排列规律及使用方法。

二、实验仪器及器材

1. 数字电路实验箱。

2. 数字万用表。

3. 集成电路。

74LS00 两输入四与非门　　74LS86 四 2 输入异或门

74LS08 四 2 输入与门　　74LS32 四 2 输入或门

74LS04 反相器

三、实验原理

数字电路实现的是逻辑关系。逻辑关系是指某事物的条件（或原因）与结果之间的关系。逻辑关系常用逻辑函数来描述数字电路图见图 1 – 1（a）。

1. 与运算。只有当决定一件事情的条件全部具备之后，这件事情才会发生。我们把这种因果关系称为与逻辑。

可以用列表的方式表示上述逻辑关系，称为真值表。如图 1 – 1（b）所示。

如果用二值逻辑 0 和 1 来表示，并设 1 表示开关闭合或灯亮；0 表示开关不闭合或灯不亮，则得到如图 1 – 1（c）所示的表格，称为逻辑真值表。

若用逻辑表达式来描述，则可写为：$L = A \cdot B$

与运算的规则为：“输入有 0，输出为 0；输入全 1，输出为 1”。

在数字电路中能实现与运算的电路称为与门电路，其逻辑符号如图 1 – 1（d）所示。

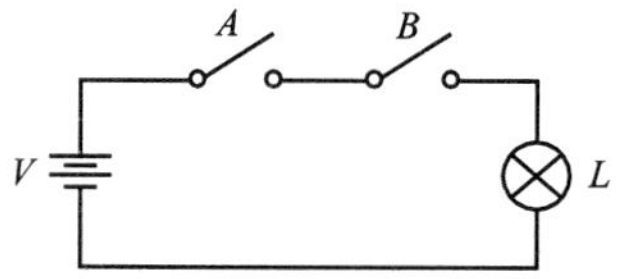

(a)电路图

开关A	开关B	灯L
不闭合	不闭合	不亮
不闭合	闭合	不亮
闭合	不闭合	不亮
闭合	闭合	亮

(b)真值表

A	B	L=A·B
0	0	0
0	1	0
1	0	0
1	1	1

(c)逻辑真值表

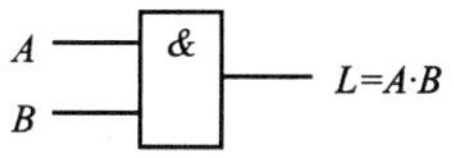

(d)逻辑符号

图 1 – 1　与逻辑运算

2. 或运算。决定一件事情的几个条件中，只要有一个或一个以上条件具备，这件事情就会发生。我们把这种因果关系称为或逻辑或逻辑电路图见图 1 – 2（a）。

或运算的真值表如图 1 – 2（b）所示，逻辑真值表如图 1 – 2（c）所示。若用逻辑表达式来描述，则可写为：

$L = A + B$

或运算的规则为："输入有1，输出为1；输入全0，输出为0"。

在数字电路中能实现或运算的电路称为或门电路，其逻辑符号如图1－2（d）所示。

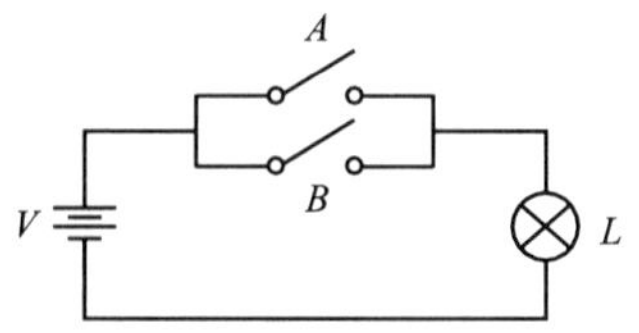

(a)电路图

开关A	开关B	灯L
不闭合	不闭合	不亮
不闭合	闭合	亮
闭合	不闭合	亮
闭合	闭合	亮

(b)真值表

A	B	L=A+B
0	0	0
0	1	1
1	0	1
1	1	1

(c)逻辑真值表

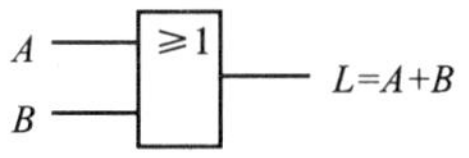

(d)逻辑符号

图1－2　或逻辑运算

3. 非运算。某事情发生与否，仅取决于一个条件，而且是对该条件的否定。即条件具备时事情不发生；条件不具备时事情才发生。我们把这种因果关系称为非逻辑。

如图1－3（a）所示，当开关A闭合时，灯不亮；而当A不闭合时，灯亮。其真值表如图1－3（b）所示，逻辑真值表如图1－3（c）所示。

若用逻辑表达式来描述，则可写为：$L=\overline{A}$。

非运算的规则为：$\overline{0}=1$；$\overline{1}=0$。

在数字电路中实现非运算的电路称为非门电路，其逻辑符号如图1－3（d）所示。

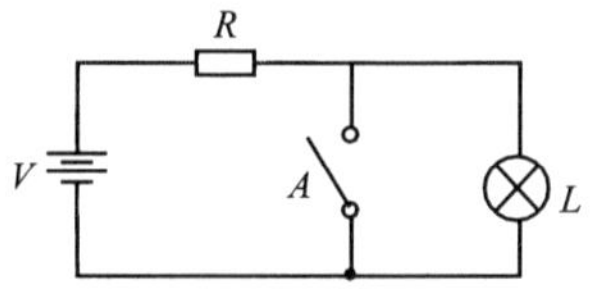

(a)电路图

开关A	灯L
不闭合	亮
闭合	不亮

(b)真值表

A	$L=\overline{A}$
0	1
1	0

(c)逻辑真值表

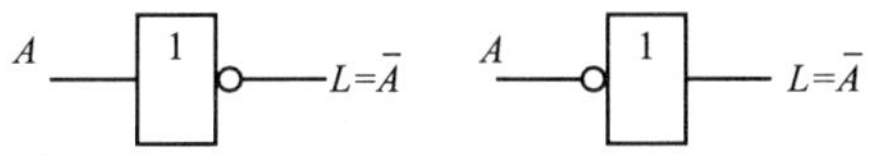

(d)逻辑符号

图1－3　非逻辑运算

4. 与非运算。与非是由与运算和非运算组合而成，与非运算的真值表如图1－4（a）所示，若用逻辑表达式来描述，则可写为：

$$L=\overline{AB}$$

与非运算的规则为："输入有0，输出为1；输入全1，输出为0"。

在数字电路中能实现与非运算的电路称为与非门电路，其逻辑符号如图1－4（b）所示。

A	B	$L=\overline{A\cdot B}$
0	0	1
0	1	1
1	0	1
1	1	0

(a)逻辑真值表

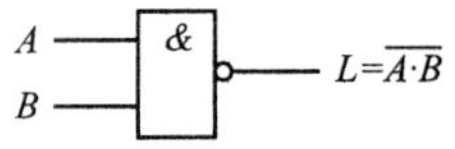

(b)逻辑符号

图1－4　与非逻辑运算

5. 或非运算。或非是由或运算和非运算组合而成，或非运算的真值表如图1－5（a）所示，若用逻辑表达式来描述，则可写为：

$L=\overline{A+B}$

或非运算的规则为："输入有1，输出为0；输入全0，输出为1"。

在数字电路中能实现或非运算的电路称为或非门电路，其逻辑符号如图1－5（b）所示。

A	B	$L=\overline{A+B}$
0	0	1
0	1	0
1	0	0
1	1	0

(a)逻辑真值表

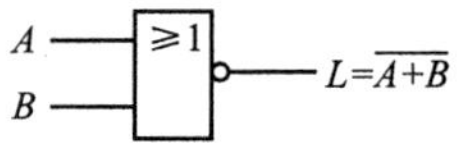

(b)逻辑符号

图1－5　或非逻辑运算

6. 异或运算。异或是一种二变量逻辑运算，当两个变量取值相同时，逻辑函数值为0；当两个变量取值不同时，逻辑函数值为1。异或的逻辑真值表和相应逻辑门的符号如图1－6所示。

A	B	$A\oplus B$
0	0	0
0	1	1
1	0	1
1	1	0

(a)逻辑真值表

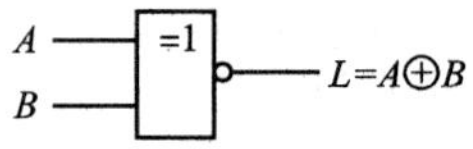

(b)逻辑符号

图1－6　异或逻辑运算

集成逻辑门电路是最简单、最基本的数字集成元件，目前已有种类齐全集成门电路。TTL 集成电路由于工作速度高、输出幅度大、种类多、不宜损坏等特点而得广泛使用，特别对学生进行实验论证，选用 TTL 电路较合适，因此这里使用了 74LS 系列的 TTL 成路，它的电源电压为 5V +10%，逻辑高电平“1”时 >2.4V，低电平“0”时 < 0.4V。实验使用的集成电路都采用的是双列直插式封装形式，其管脚的识别方法为：将集成块的正面（印有集成电路型号标记面）对着使用者，集成电路上的标识字朝上（或表面的凹口）。左下角第一脚为 1 脚，按逆时针方向顺序排布其管脚。

四、实验内容及步骤

1. 与门逻辑功能测试。

（1）按图 1 -7 接线，门的两个输入端接逻辑开关输出插口，以提供“0”与“1”电平信号，开关向上，输出逻辑“1”，向下为逻辑“0”。门的输出端接 LED 发光二极管。

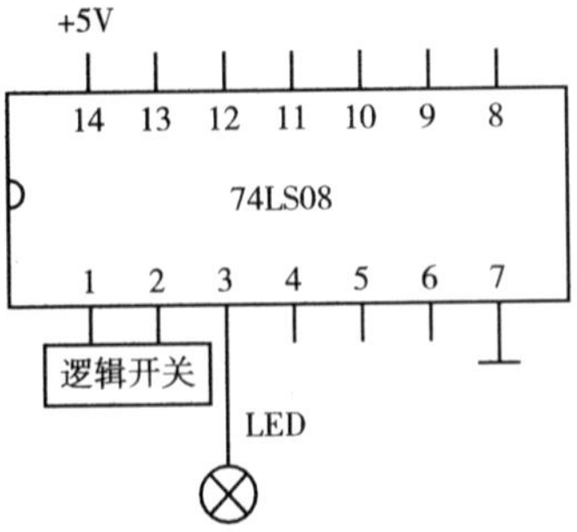

图 1 -7　与门逻辑功能测试电路

（2）按实验表的要求改变任一逻辑单元的输入端电压状态，观察对应输出端的变化，当电平指示灯亮时记为 1，灭时记为 0，将测试结果记录在表 1 -1 中。

表 1 -1　　74LS08 逻辑功能表

输入状态		输出状态
U_A	U_B	Y
0	0	
0	1	
1	0	
1	1	
0	悬空	
1	悬空	
悬空	0	
悬空	1	
悬空	悬空	

2. 或门逻辑功能测试。按照 74LS32 或门芯片的引脚排列连接电路，将测试结果记录在表 1－2 中。

表 1－2　　74LS32 逻辑功能表

输入状态		输出状态
U_A	U_B	Y
0	0	
0	1	
1	0	
1	1	
0	悬空	
1	悬空	
悬空	0	
悬空	1	
悬空	悬空	

3. 非门逻辑功能测试。按照 74LS04 非门芯片的引脚排列连接电路，将测试结果记录在表 1－3 中。

表 1－3　　74LS04 逻辑功能表

U_{IN}	输出状态（0/1）
0	
1	
悬空	

4. 与非门逻辑功能测试。按照 74LS00 与非门芯片的引脚排列连接电路，将测试结果记录在表 1－4 中。

表 1－4　　74LS00 逻辑功能表

输入状态		输出状态
U_A	U_B	Y
0	0	
0	1	
1	0	
1	1	
0	悬空	
1	悬空	
悬空	0	
悬空	1	
悬空	悬空	

5. 异或门逻辑功能测试。按照 74LS86 异或门芯片的引脚排列连接电路，将测试结果记录在表 1－5 中。

表 1－5　　74LS86 逻辑功能表

A	*B*	*Y*
0	0	
0	1	
1	0	
1	1	

五、思考题

请用与非门实现与门的逻辑功能，画出电路图，填写逻辑真值表 1－6，并说明与非门和与门是什么逻辑关系。

表 1－6

A	*B*	*Y*
0	0	
0	1	
1	0	
1	1	

实验二

组合逻辑电路设计

一、实验目的

1. 掌握组合逻辑电路的特点。
2. 掌握小规模集成电路设计组合电路的方法。

二、实验仪器及器材

1. 数字电路实验箱。
2. 数字万用表。
3. 74LS10 三输入三与非门 2 片。

三、实验原理

如图 2－1 所示，组合逻辑电路是数字电路中最简单的一类逻辑电路，其特点是功能上无记忆，结构上无反馈。即电路任一时刻的输出状态只决定于该时刻各输入状态的组合，而与电路的原状态无关。

$$y_1=f_1(a_1, a_2, \cdots, a_n)$$
$$y_2=f_2(a_1, a_2, \cdots, a_n)$$
$$\cdots\cdots$$
$$y_m=f_m(a_1, a_2, \cdots, a_n)$$

图 2－1　组合逻辑电路的框图

1. 组合逻辑电路设计的基本步骤。组合逻辑电路的设计一般应以电路简单、所用器件最少为目标，并尽量减少所用集成器件的种类，因此在设计过程中要用到前面介绍的代数法和卡诺图法来化简或转换逻辑函数。

组合逻辑电路设计的基本步骤如图 2－2 所示。

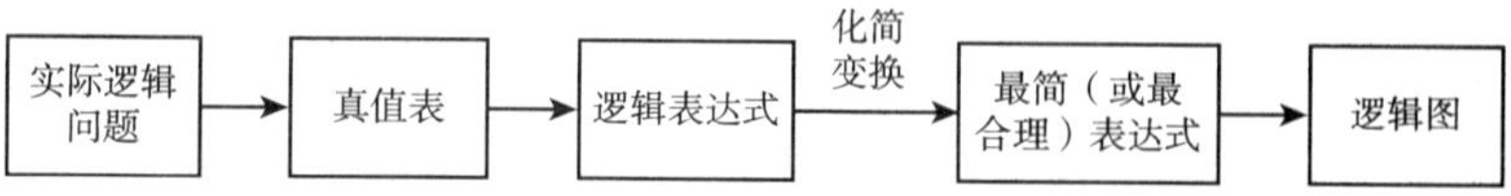

图 2－2　组合逻辑电路设计的基本步骤

（1）根据设计题目要求，进行逻辑抽象，确定输入变量和输出变量及数目，明确输出变量与输入变量之间的逻辑关系。

（2）将输出变量与输入变量之间的逻辑关系列成真值表。

（3）根据真值表写出逻辑函数，并用卡诺图方法将逻辑函数化简成最简表达式。

（4）选用小规模集成逻辑门电路构成相应的逻辑函数。

（5）根据选择的器件，将逻辑函数转换成适当的形式。

2. 设计举例。设计一个电话机信号控制电路。电路有 I_0（火警）、I_1（盗警）和 I_2（日常业务）三种输入信号，通过排队电路分别从 L_0、L_1、L_2 输出，在同一时间只能有一个信号通过。如果同时有两个以上信号出现时，应首先接通火警信号，其次为盗警信号，最后是日常业务信号。试按照上述轻重缓急设计该信号控制电路。要求用集成门电路 7400（每片含 4 个 2 输入端与非门）实现。

解：（1）列真值表：

对于输入，设有信号为逻辑“1”；没信号为逻辑“0”。

对于输出，设允许通过为逻辑“1”；不设允许通过为逻辑“0”。

根据题目要求，可列出真值表如图 2－1 所示。

表 2－1　　真值表

输　入			输　出		
I_0	I_1	I_2	L_0	L_1	L_2
0	0	0	0	0	0
1	×	×	1	0	0
0	1	×	0	1	0
0	0	1	0	0	1

（2）由真值表写出各输出的逻辑表达式：

$$L_0 = I_0$$

$$L_1 = \overline{I_0} I_1$$

$$L_2 = \overline{I_0}\,\overline{I_1} I_2$$

这三个表达式已是最简，不需化简。但需要用非门和与门实现，且 L_2 需用三输入端与门才能实现，故不符合设计要求。

（3）根据要求，将上式转换为与非表达式：

$$L_0 = I_0$$

$$L_1 = \overline{\overline{\overline{I_0}I_1}}$$

$$L_2 = \overline{\overline{\overline{I_0}\,\overline{I_1}I_2}} = \overline{\overline{\overline{\overline{I_0}\,\overline{I_1}}} \cdot I_2}$$

（4）画出逻辑图如图 2－3 所示，可用两片集成与非门 7400 来实现。

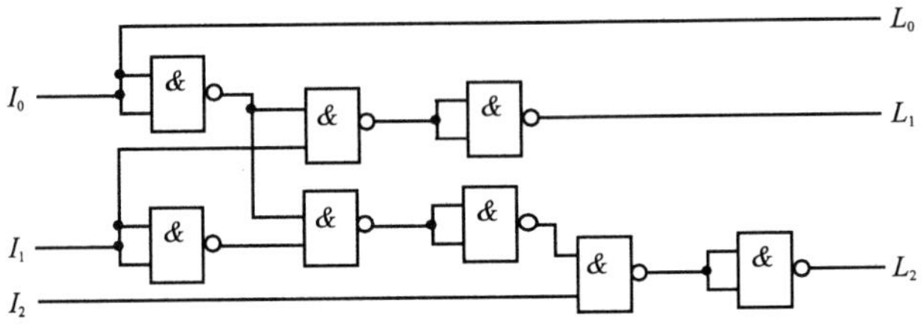

图 2－3　逻辑图

四、实验内容及步骤

1. 设计题目：设计一个判断电路。要求有三个输入端，当输入信号中有两个高电平时，输出才为高电平，否则输出为低电平。（用与非门实现）

2. 设计过程。

（1）根据设计要求建立该逻辑函数的真值表。

设三人的意见为变量 A、B、C，表决结果为函数 L。对变量及函数进行如下状态赋值：对于变量 A、B、C，设同意为逻辑“1”；不同意为逻辑“0”。对于函数 L，设事情通过为逻辑“1”；没通过为逻辑“0”。

列出真值表如表 2－2 所示。

表 2－2　　真值表

A	B	C	L
0	0	0	0
0	0	1	0
0	1	0	0
0	1	1	1
1	0	0	0
1	0	1	1
1	1	0	1
1	1	1	1

（2）由真值表写出逻辑表达式：$L = \overline{A}BC + A\overline{B}C + AB\overline{C} + ABC$

该逻辑式不是最简。

（3）化简。由于卡诺图化简法较方便，故一般用卡诺图进行化简。将该逻辑函数填入卡诺图，如图 2－4 所示。合并最小项，得最简与—或表达式：$L = AB + BC + AC$

（4）画出逻辑图如图 2－5 所示。

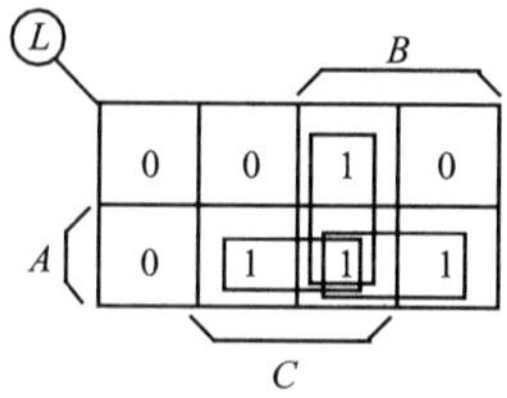

图 2－4　卡诺图

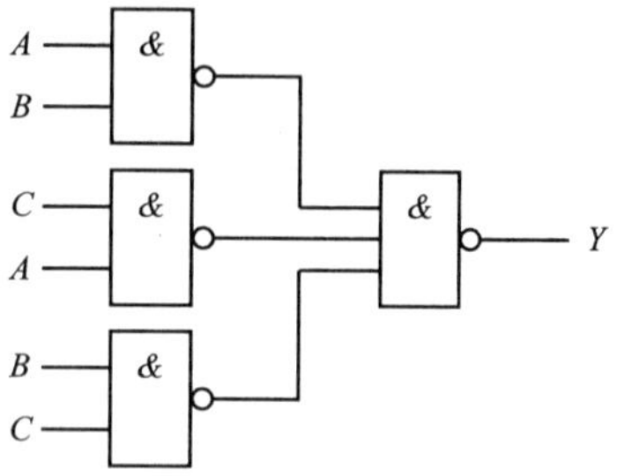

图 2－5　三变量表决电路

如果要求用与非门实现该逻辑电路，就应将表达式转换成与非—与非表达式：

$$L = AB + BC + AC = \overline{\overline{AB} \cdot \overline{BC} \cdot \overline{AC}}$$

3. 74LS10 两三输入与非门引脚图如图 2－6 所示。按图 2－5 接好电路。

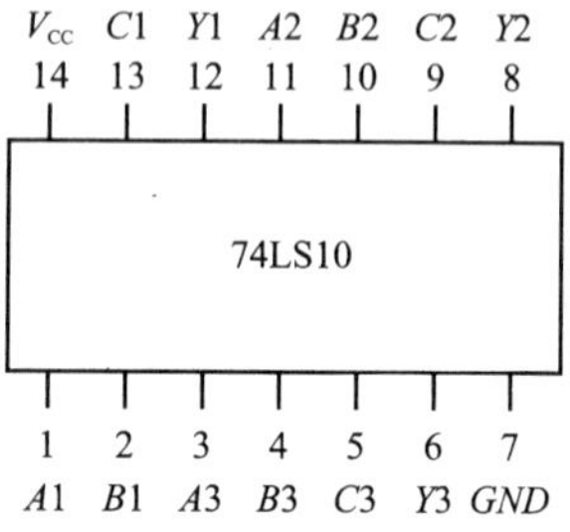

图 2－6　74LS10 引脚图

4. 记录显示结果并判断结果是否正确（见表 2－3）。

表 2－3

A	B	C	Y
0	0	0	
0	0	1	
0	1	0	
0	1	1	
1	0	0	
1	0	1	
1	1	0	
1	1	1	

五、思考题

1. 如何处理集成电路多余输入端?

2. 应用小规模集成电路设计组合电路，应该注意哪些主要问题?

3. 试用异或门设计一个有三个输入端，一个输出端的组合逻辑电路。其功能为当三个输入信号中有奇数个1时，电路输出为1，否则为0。

实验三

译码器及其应用

一、实验目的

1. 掌握译码器的测试方法。
2. 了解中规模集成译码器的功能，管脚分布，掌握其逻辑功能。
3. 掌握用译码器构成组合电路的方法。
4. 学习译码器的扩展。

二、实验仪器及器材

1. 数字电路实验箱。
2. 74LS138　3－8 线译码器。
3. 74LS20 双 4 输入与非门。

三、实验原理

1. 中规模集成译码器 74LS138。74LS138 是集成 3 线－8 线译码器，在数字系统中应用比较广泛。图 3－1 是其引脚排列。其中 A_2、A_1、A_0 为地址输入端，$\bar{Y}_0$ ~ $\bar{Y}_7$ 为译码输出端，S_1、$\bar{S}_2$、$\bar{S}_3$ 为使能端。表 3－1 为 74LS138 真值表。

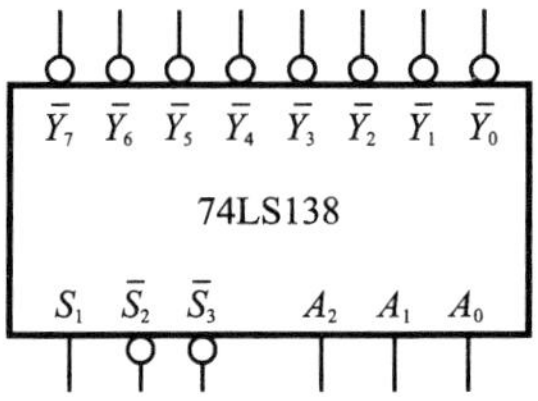

图 3－1　74LS138 引脚

表 3－1　　74LS138 真值表

输　入					输　出							
S_1	$\overline{S_2}+\overline{S_3}$	A_2	A_1	A_0	$\overline{Y_0}$	$\overline{Y_1}$	$\overline{Y_2}$	$\overline{Y_3}$	$\overline{Y_4}$	$\overline{Y_5}$	$\overline{Y_6}$	$\overline{Y_7}$
1	0	0	0	0	0	1	1	1	1	1	1	1
1	0	0	0	1	1	0	1	1	1	1	1	1
1	0	0	1	0	1	1	0	1	1	1	1	1
1	0	0	1	1	1	1	1	0	1	1	1	1
1	0	1	0	0	1	1	1	1	0	1	1	1
1	0	1	0	1	1	1	1	1	1	0	1	1
1	0	1	1	0	1	1	1	1	1	1	0	1
1	0	1	1	1	1	1	1	1	1	1	1	0
0	×	×	×	×	1	1	1	1	1	1	1	1
×	1	×	×	×	1	1	1	1	1	1	1	1

74LS138 工作原理为：当 $S_1 = 1$，$S_2 + S_3 = 0$ 时，电路完成译码功能，输出低电平有效。其中：

$$\overline{Y_0} = \overline{\overline{A_2}\,\overline{A_1}\,\overline{A_0}} \qquad \overline{Y_4} = \overline{A_2\,\overline{A_1}\,\overline{A_0}}$$

$$\overline{Y_1} = \overline{\overline{A_2}\,\overline{A_1}\,A_0} \qquad \overline{Y_5} = \overline{A_2\,\overline{A_1}\,A_0}$$

$$\overline{Y_2} = \overline{\overline{A_2}\,A_1\,\overline{A_0}} \qquad \overline{Y_6} = \overline{A_2\,A_1\,\overline{A_0}}$$

$$\overline{Y_3} = \overline{\overline{A_2}\,A_1\,A_0} \qquad \overline{Y_7} = \overline{A_2\,A_1\,A_0}$$

2. 实现组合逻辑电路。因为 74LS138 三线－八线译码器的输出包括了三变量数字信号的全部八种组合，每个输出端分别与一个最小项相对应，因此辅以适当的门电路，便可实现任何组合逻辑函数。

例：试用译码器和门电路实现逻辑函数。

$L = AB + BC + AC$

解：(1) 将逻辑函数转换成最小项表达式，再转换成与非—与非形式。

$L = \overline{A}BC + A\overline{B}C + AB\overline{C} + ABC = m_3 + m_5 + m_6 + m_7$

$= \overline{\overline{m_3} \cdot \overline{m_5} \cdot \overline{m_6} \cdot \overline{m_7}}$

（2）该函数有三个变量，所以选用 3 线 –8 线译码器 74LS138。用一片 74LS138 加一个与非门就可实现逻辑函数 L，逻辑图如图 3 –2 所示。

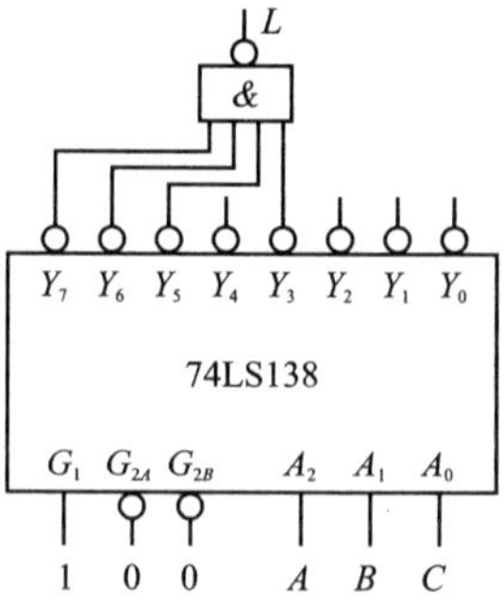

图 3 –2　逻辑图

3. 译码器的扩展。利用译码器的使能端可以方便地扩展译码器的容量。图 3 –3 所示是将两片 74LS138 扩展为 4 线 –16 线译码器。

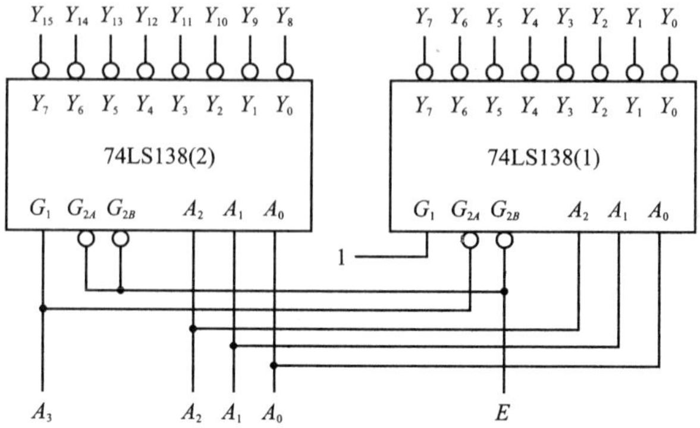

图 3 –3　两片 74LS138 扩展为 4 线 –16 线译码器

其工作原理为：当 $E=1$ 时，两个译码器都禁止工作，输出全 1；当 $E=0$ 时，译码器工作。这时，如果 $A_3=0$，高位片禁止，低位片工作，输出 $Y_0 \sim Y_7$ 由输入二进制代码 $A_2A_1A_0$ 决定；如果 $A_3=1$，低位片禁止，高位片工作，输出 $Y_8 \sim Y_{15}$ 由输入二进制代码 $A_2A_1A_0$ 决定。从而实现了 4 线 –16 线译码器功能。

四、实验内容及步骤

1. 译码器 74LS138 逻辑功能测试。

（1）控制端功能测试。测试电路如图 3 –4 所示。按表 3 –2 所示条件输入开关状态。观察并记录译码器输出状态。LED 指示灯亮为 1，灯不亮为 0。

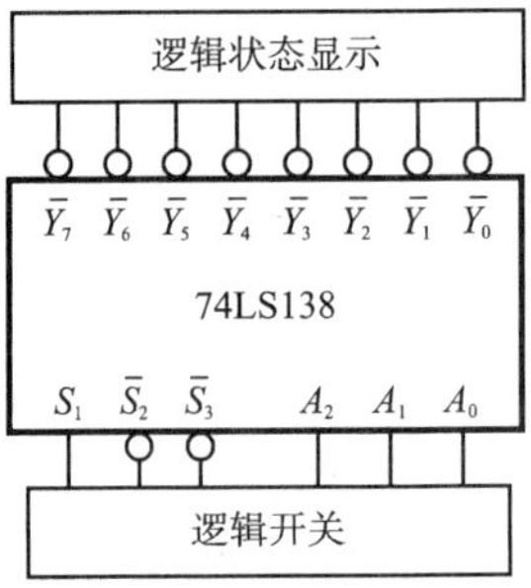

图 3－4　74LS138 逻辑功能测试电路

表 3－2　74LS138 控制端功能测试

S_1 $\overline{S}_2$ $\overline{S}_3$	A_2 A_1 A_0	$\overline{Y}_0$ $\overline{Y}_1$ $\overline{Y}_2$ $\overline{Y}_3$ $\overline{Y}_4$ $\overline{Y}_5$ $\overline{Y}_6$ $\overline{Y}_7$
0 × ×	× × ×	
1 1 0 1 0 1 1 1 1	× × × × × × × × ×	

（2）逻辑功能测试。将译码器使能端 S_1、$\overline{S}_2$、$\overline{S}_3$及地址端 A_2、A_1、A_0 分别接至逻辑电平开关输出口，八个输出端 $\overline{Y}_7\cdots\overline{Y}_0$依次连接在逻辑电平显示器的八个输入口上，拨动逻辑电平开关，按表 3－3 逐项测试 74LS138 的逻辑功能。

表 3－3　74LS138 逻辑功能测试

输　入					输　出							
S_1	$\overline{S}_2+\overline{S}_3$	A_2	A_1	A_0	$\overline{Y}_0$	$\overline{Y}_1$	$\overline{Y}_2$	$\overline{Y}_3$	$\overline{Y}_4$	$\overline{Y}_5$	$\overline{Y}_6$	$\overline{Y}_7$
1	0	0	0	0								
1	0	0	0	1								
1	0	0	1	0								
1	0	0	1	1								
1	0	1	0	0								
1	0	1	0	1								
1	0	1	1	0								
1	0	1	1	1								
0	×	×	×	×								
×	1	×	×	×								

2. 用 74LS138 实现逻辑函数。某组合逻辑电路的真值表如表 3－4 所示，试用译码器和门电路设计该逻辑电路。

表 3－4　　　　　　　　　　　　　　真值表

输　入			输　出		
A	B	C	L	F	G
0	0	0	0	0	1
0	0	1	1	0	0
0	1	0	1	0	1
0	1	1	0	1	0
1	0	0	1	0	1
1	0	1	0	1	0
1	1	0	0	1	1
1	1	1	1	0	0

设计过程：

（1）写出各输出的最小项表达式，再转换成与非—与非形式。

$$L=\bar{A}\bar{B}C+\bar{A}B\bar{C}+A\bar{B}\bar{C}+ABC=m_1+m_2+m_4+m_7=\overline{\overline{m_1}\cdot\overline{m_2}\cdot\overline{m_4}\cdot\overline{m_7}}$$

$$F=\bar{A}BC+A\bar{B}C+AB\bar{C}=m_3+m_5+m_6=\overline{\overline{m_3}\cdot\overline{m_5}\cdot\overline{m_6}}$$

$$G=\bar{A}\bar{B}\bar{C}+\bar{A}B\bar{C}+A\bar{B}\bar{C}+AB\bar{C}=m_0+m_2+m_4+m_6=\overline{\overline{m_0}\cdot\overline{m_2}\cdot\overline{m_4}\cdot\overline{m_6}}$$

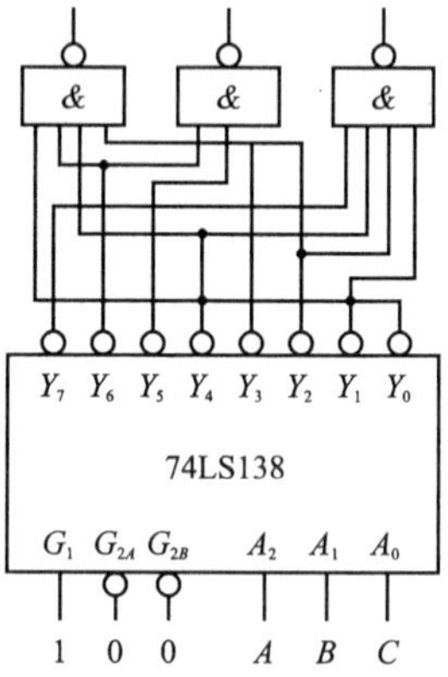

图 3－5　用 74LS138 组成函数

（2）选用 3 线－8 线译码器 74LS138。设 $A=A_2$、$B=A_1$、$C=A_0$。将 L、F、G 的逻辑表达式与 74LS138 的输出表达式相比较，有：

$$L=\overline{Y_1\cdot Y_2\cdot Y_4\cdot Y_7}$$

$$F=\overline{Y_3\cdot Y_5\cdot Y_6}$$

$$G=\overline{Y_0\cdot Y_2\cdot Y_4\cdot Y_6}$$

用一片 74LS138 加三个与非门就可实现该组合逻辑电路，逻辑图如图 3－5 所示。可见，用译码器实现多输出逻辑函数时，优点更明显。

用 74LS138 和 74LS20 在实验箱上连接图 3 –5 线路。并将测试结果记录表 3 –5 中。

表 3 –5　　函数功能测试

A	B	C	L	F	G
0	0	0			
0	0	1			
0	1	0			
0	1	1			
1	0	0			
1	0	1			
1	1	0			
1	1	1			

3. 用两个 3 线 –8 线译码器构成 4 线 –16 线译码器。用两片 74LS138 在实验箱上连接图 3 –6 线路。利用使能端能将两个 3/8 译码器组合成一个 4/16 译码器，并记录测试结果。

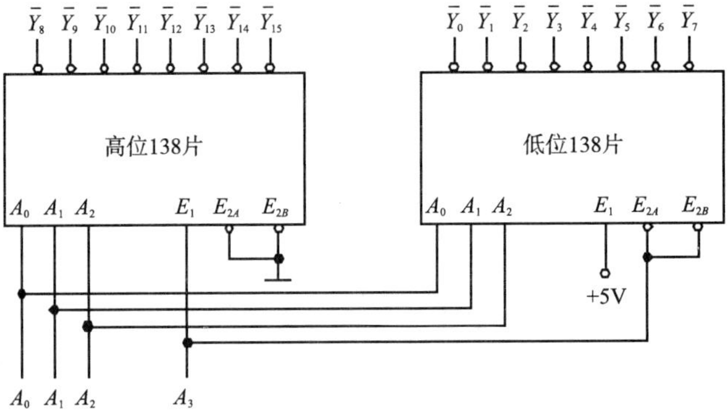

图 3 –6　用两片 74LS138 组合成 4/16 译码器

五、思考题

1. 集成电路使能控制信号的主要功能是什么？
2. 试用 74LS138 集成块和门电路实现逻辑函数。

$L = AB\bar{C} + \bar{A}BC + AC$

实验四

数据选择器及其应用

一、实验目的

1. 学习数据选择器逻辑功能测试方法。
2. 了解中规模集成数据选择器的功能、管脚排列，掌握其逻辑功能。
3. 熟悉利用数据选择器构成任意逻辑函数的方法。
4. 学习数据选择器的扩展方法。

二、实验仪器及器材

1. 数字电路实验箱。
2. 74LS153。
3. 74LS32。

三、实验原理

数据选择器——将一路输入数据根据地址选择码分配给多路数据输出中的某一路输出。它的作用与图 4－1 所示的单刀多掷开关相似。

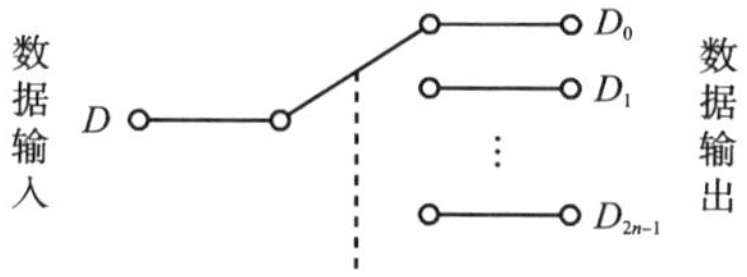

图 4－1　*n* 位地址选择信号

1. 双四选一数据选择器74LS153。所谓双四选一数据选择器就是在一块集成芯片上有两个四选一数据选择器。引脚排列如图4－2所示。

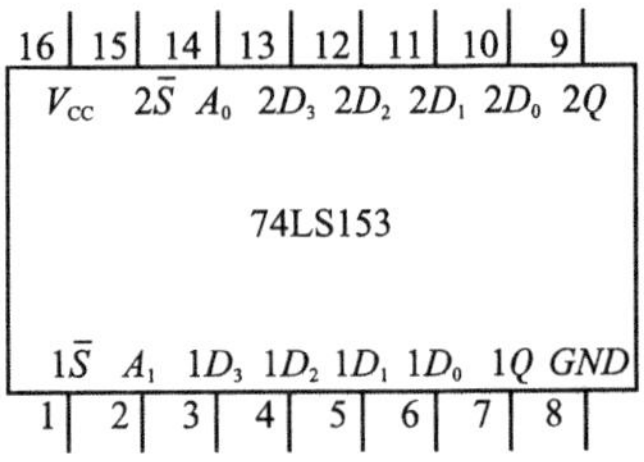

图4－2　74LS153引脚功能

$1\overline{S}$、$2\overline{S}$ 为两个独立的使能端；A_1、A_0 为公用的地址输入端；$1D_0\sim1D_3$ 和 $2D_0\sim2D_3$ 分别为两个四选一数据选择器的数据输入端；$1Q$、$2Q$ 为两个输出端。

（1）当使能端 $1\overline{S}$（$2\overline{S}$）＝1时，多路开关被禁止，无输出，$Q=0$。

（2）当使能端 $1\overline{S}$（$2\overline{S}$）＝0时，多路开关正常工作，根据地址码 A_1、A_0 的状态，将相应的数据 $D_0\sim D_3$ 送到输出端 Q。

四选一数据选择器逻辑功能如表4－1所示。

表4－1　　四选一数据选择器逻辑功能表

输入			输出
G	A_1　A_0	D_3　D_2　D_1　D_0	Y
1	×　×	×　×　×　×	0
0	0　0	×　×　×　0	0
		×　×　×　1	1
	0　1	×　×　0　×	0
		×　×　1　×	1
	1　0	×　0　×　×	0
		×　1　×　×	1
	1　1	0　×　×　×	0
		1　×　×　×	1

根据功能表，可写出输出逻辑表达式：

$$Y=(\overline{A_1}\,\overline{A_0}D_0+\overline{A_1}A_0D_1+A_1\overline{A_0}D_2+A_1A_0D_3)\cdot\overline{G}$$

由逻辑表达式可画出四选一数据选择器逻辑图。

2. 用数据选择器实现逻辑函数。用数据选择器实现逻辑函数，方法与译码器相似，只是将出现的最小项对应的数据端接入高电平，未出现的接低电平，将地址端作为自变量的输入端，则可以实现。

例：试用四选一数据选择器实现逻辑函数：

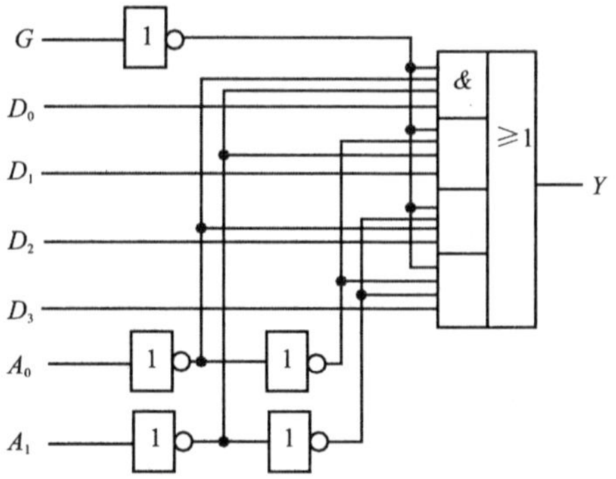

图 4-3　四选一数据选择器逻辑图

$L = AB + BC + A\overline{C}$

解：

将 A、B 接到地址输入端，C 加到适当的数据输入端。

作出逻辑函数 L 的真值表，如表 4-2 所示，根据真值表画出连线图，如图 4-4 所示。

表 4-2　　　　　　　　　　　　真值表

A	B	C	L
0	0	0	0
0	0	1	0
0	1	0	0
0	1	1	1
1	0	0	1
1	0	1	0
1	1	0	1
1	1	1	1

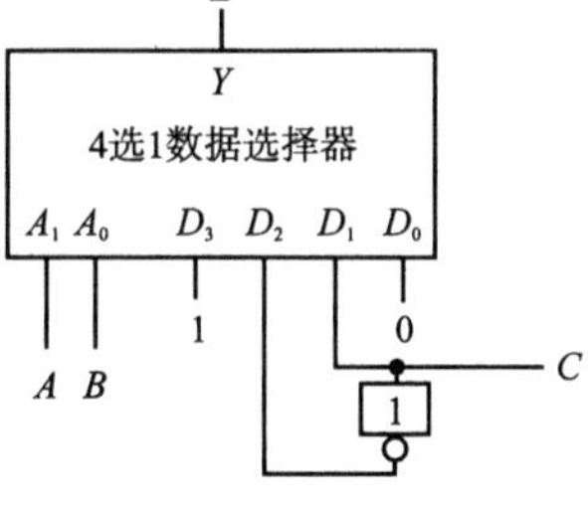

图 4-4　连线图

四、实验内容及步骤

1. 测试双四选一数据选择器的逻辑功能。在实验箱上接线，地址端 A_1、A_0、数据端 D_0 ~ D_7、使能端 $\overline{S}$ 接逻辑开关，输出端 Y 接逻辑电平显示器，按 74LS153 功能表逐项进行测试，并在表 4－3 中记录测试结果。

表 4－3

输入			输出
$\overline{S}$	A_1	A_0	Y
1	×	×	
0	0	0	
0	0	1	
0	1	0	
0	1	1	

2. 用四选一数据选择器实现函数：

$$F = AC + BC + AB$$

函数 F 有三个输入变量 A、B、C，而数据选择器有两个地址端 A_1、A_0 少于函数输入变量个数，在设计时可任选 A 接 A_1，B 接 A_0。由于：

$$\begin{aligned} F &= AC + BC + AB \\ &= ABC + AB\overline{C} + A\overline{B}C + \overline{A}BC \end{aligned}$$

将 74LS153 的表达式与函数 F 对照，得出：

$D_0 = 0$， $D_1 = D_2 = C$， $D_3 = 1$

所以得到如图 4－5 所示的原理图。

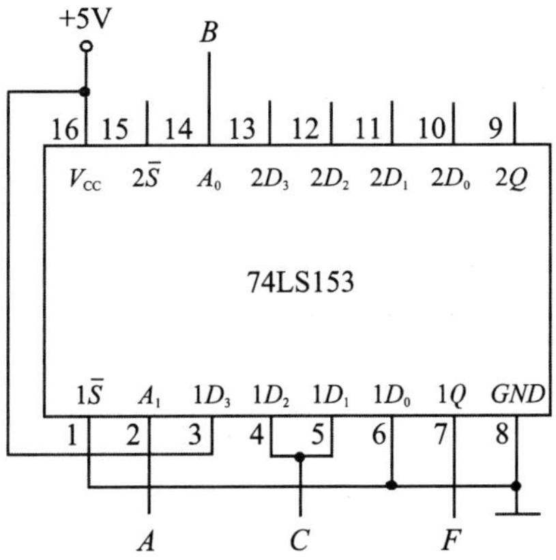

图 4－5 用 74LS153 实现函数

参照原理图搭接电路，观察电路的功能，测试并记录结果在表 4 –4 中。

表 4 –4

输　　入			输　　出
A	*B*	*C*	*F*
0	0	0	
0	0	1	
0	1	0	
0	1	1	
1	0	0	
1	0	1	
1	1	0	
1	1	1	

3. 用四选一数据选择器 74LS153 构成八选一数据选择器。

参照图 4 –6 搭接电路，分析电路的功能，测试并记录结果。

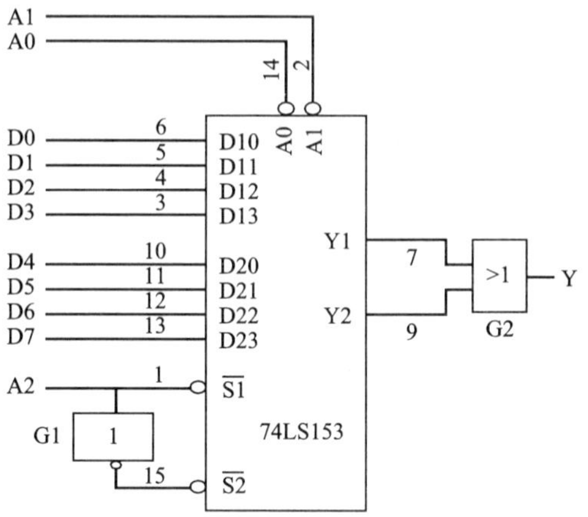

图 4 –6　74LS153 构成八选一数据选择器

五、思考题

1. 74LS153 控制端信号的主要功能是什么？
2. 用四选一数据选择器实现函数 $F = AB + C$。

实验五

加　法　器

一、实验目的

1. 掌握半加器、全加器的工作原理及逻辑功能。
2. 学习用集成电路组成加法器的方法。

二、实验仪器及器材

1. 数字电路实验箱
2. 74LS138。
3. 74LS04。
4. 74LS00。
5. 74LS51。
6. 74LS86。
7. 74LS151。

三、实验原理

1. 半加器。不考虑低位进位，只本位相加，称半加。实现半加的电路，为半加器。

半加器的真值表如表 5－1 所示。表中的 A 和 B 分别表示被加数和加数输入，S 为本位和输出，C 为向相邻高位的进位输出。由真值表可直接写出输出逻辑函数表达式：

$$S = \overline{A}B + A\overline{B} = A \oplus B$$

$$C = AB$$

表 5 -1　　半加器的真值表

输　入		输　出	
被加数 A	加数 B	和数 S	进位数 C
0	0	0	0
0	1	1	0
1	0	1	0
1	1	0	1

可见，可用一个异或门和一个与门组成半加器，其电路图如图 5 -1 所示。

如果想用与非门组成半加器，则将上式用代数法变换成与非形式：

$$
\begin{aligned}
S &= \bar{A}B + A\bar{B} = \bar{A}B + A\bar{B} + A\bar{A} + B\bar{B} \\
&= A(\bar{A} + \bar{B}) + B(\bar{A} + \bar{B}) \\
&= A \cdot \overline{AB} + B \cdot \overline{AB} \\
&= \overline{\overline{A \cdot \overline{AB}} \cdot \overline{B \cdot \overline{AB}}}
\end{aligned}
$$

$$C = AB = \overline{\overline{AB}}$$

由此画出如图 5 -2 所示的用与非门组成的半加器。

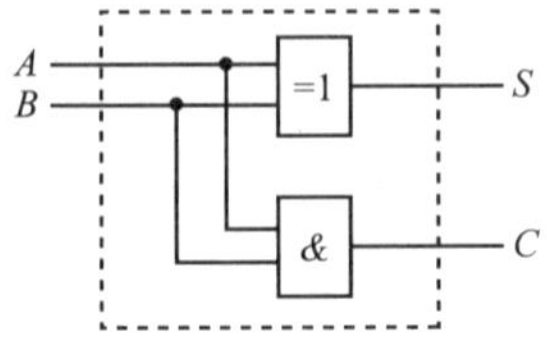

图 5 -1　由异或门和与门组成的半加器

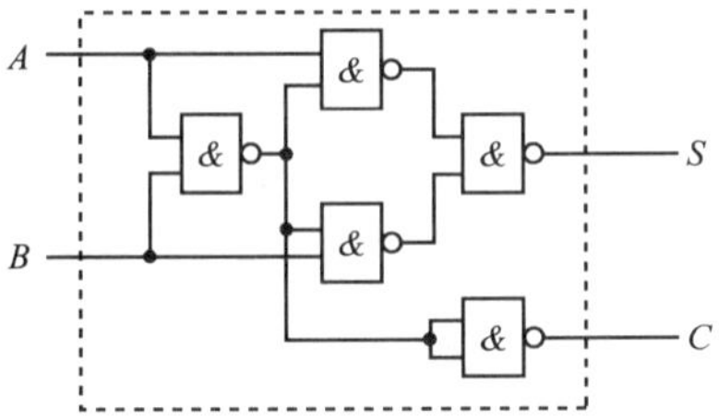

图 5 -2　与非门组成的半加器

2. 全加器。在多位数加法运算时，除最低位外，其他各位都需要考虑低位送来的进位。考虑低位进位的加法称为全加。实现全加的电路，为全加器。

全加器的真值表如表 5 -2 所示。表中的 A_i 和 B_i 分别表示被加数和加数输入，C_{i-1}表示来自相邻低位的进位输入。S_i 为本位和输出，C_i 为向相邻高位的进位输出。

表 5－2　　全加器的真值表

输入			输出	
A_i	B_i	C_{i-1}	S_i	C_i
0	0	0	0	0
0	0	1	1	0
0	1	0	1	0
0	1	1	0	1
1	0	0	1	0
1	0	1	0	1
1	1	0	0	1
1	1	1	1	1

由真值表直接写出 S_i 和 C_i 的输出逻辑函数表达式，再经代数法化简和转换得：

$$\begin{aligned} S_i &= \overline{A_i}\,\overline{B_i}C_{i-1} + \overline{A_i}B_i\overline{C_{i-1}} + A_i\overline{B_i}\,\overline{C_{i-1}} + A_iB_iC_{i-1} \\ &= \overline{(A_i \oplus B_i)}C_{i-1} + (A_i \oplus B_i)\overline{C_{i-1}} \\ &= A_i \oplus B_i \oplus C_{i-1} \end{aligned}$$

$$\begin{aligned} C_i &= \overline{A_i}B_iC_{i-1} + A_i\overline{B_i}C_{i-1} + A_iB_i\overline{C_{i-1}} + A_iB_iC_{i-1} \\ &= A_iB_i + (A_i \oplus B_i)C_{i-1} \end{aligned}$$

根据上式画出全加器的逻辑电路如图 5－3 所示。

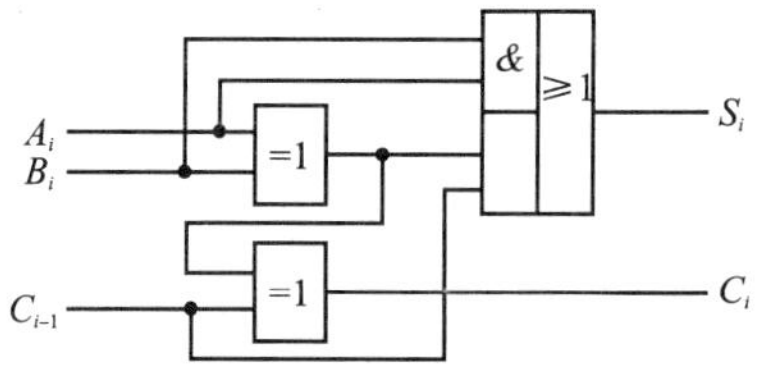

图 5－3　全加器

四、实验内容及步骤

1. 用门电路实现全加器。参照图 5－4 搭接电路，并测试其功能记录结果在表 5－3。

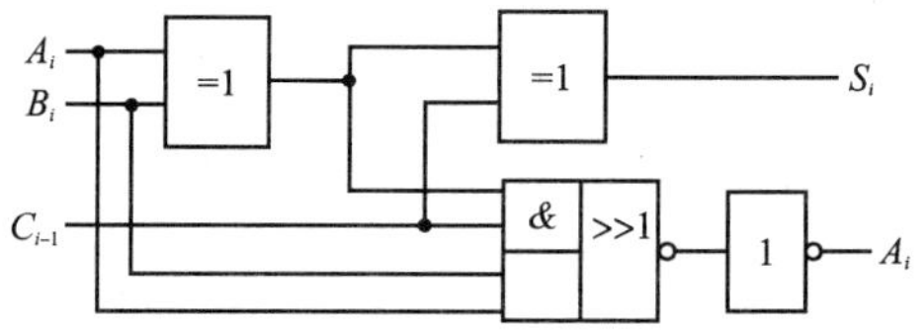

图 5－4　小规模集成电路设计的全加器

表 5－3　　全加器真值表

C_{i-1}	A_i	B_i	S_i	C_i
0	0	0		
0	0	1		
0	1	0		
0	1	1		
1	0	0		
1	0	1		
1	1	0		
1	1	1		

2. 用 74LS138 译码器实现全加器。参照图 5－5 搭接电路，分析电路的原理，测试并记录电路的功能。

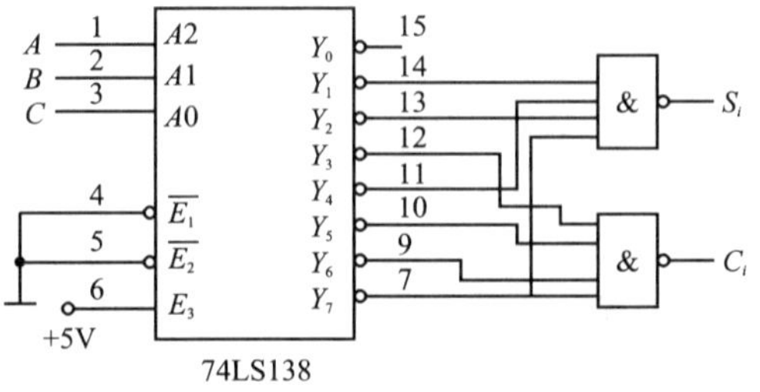

图 5－5　用 74LS138 设计的全加器

3. 用数据选择器实现全加器。参照图 5－6 搭接电路，分析电路的原理，测试并记录电路的功能。

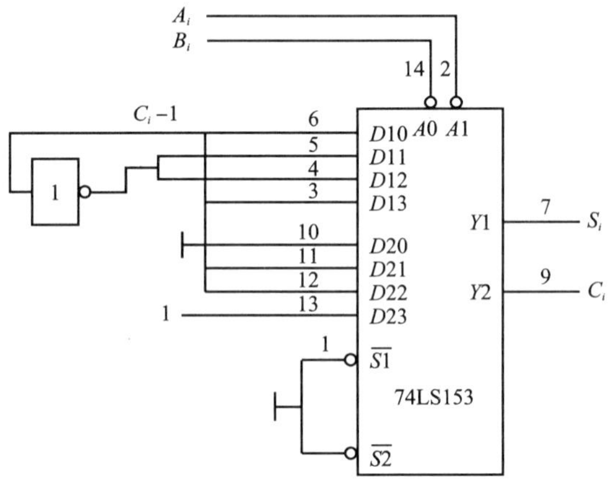

图 5－6　用 74LS153 设计的全加器

五、思考题

试分别用与非门和或非门设计全加器。要求写出设计过程，画出电路原理图。

实验六

触发器

一、实验目的

1. 掌握集成 D 触发器和 JK 触发器的逻辑功能及触发方式。
2. 掌握集成触发器的使用方法。

二、实验仪器及器材

1. 数字电路实验箱。
2. 74LS74 双 D 触发器。
3. 74LS112 双 JK 触发器。

三、实验原理

触发器具有两个稳定状态，用以表示逻辑状态“1”和“0”，在一定的外界信号作用下，可以从一个稳定状态翻转到另一个稳定状态，它是一个具有记忆功能的二进制信息存储器件，是构成各种时序电路的最基本逻辑单元。

由于 D 触发器和 JK 触发器都是在 RS 触发器的基础上发展而来的，因此首先讨论 RS 触发器的工作原理。

1. RS 触发器。

（1）基本 RS 触发器。用与非门组成的基本 RS 触发器的电路结构如图 6－1 所示。它与组合电路的根本区别在于，电路中有反馈线。由两个与非门的输入输出端交叉耦合。

它有两个输入端 R、S，有两个输出端 Q、$\overline{Q}$。一般情况下，Q、$\overline{Q}$ 是互补的。

定义：当 $Q=1$，$\overline{Q}=0$ 时，称为触发器的 1 状态；

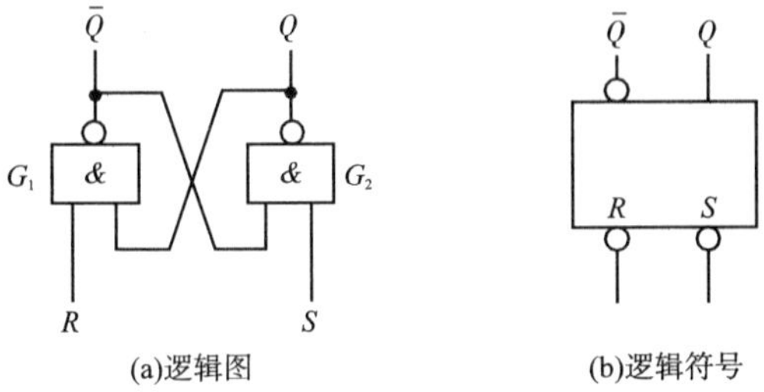

图 6-1　与非门组成的基本 RS 触发器

当 $Q=0$，$\overline{Q}=1$ 时，称为触发器的 0 状态。

基本 RS 触发器的功能表如表 6-1 所示。

表 6-1　　功能表

R	S	Q^n	Q^{n+1}	功能说明
0	0	0	×	不稳定状态
0	0	1	×	
0	1	0	0	置 0（复位）
0	1	1	0	
1	0	0	1	置 1（置位）
1	0	1	1	
1	1	0	0	保持原状态
1	1	1	1	

由表 6-1 可以看出，触发器的新状态 Q^{n+1}（也称次态）不仅与输入状态有关，也与触发器原来的状态 Q^n（也称现态或初态）有关。

RS 触发器具有以下特点：

① 有两个互补的输出端，有两个稳态。

② 有复位（$Q=0$）、置位（$Q=1$）、保持原状态三种功能。

③ R 为复位输入端，S 为置位输入端，该电路为低电平有效。

④ 由于反馈线的存在，无论是复位还是置位，有效信号只需作用很短的一段时间。即“一触即发”。

由功能表可以得到基本 RS 触发器的特性方程：

$$Q^{n+1} = S + \overline{R}Q^n$$
$$\overline{S} + \overline{R} = 1 \quad （约束条件）$$

（2）同步 RS 触发器。在实际应用中，触发器的工作状态不仅要由 R、S 端的信号来决定，而且还希望触发器按一定的节拍翻转。为此，给触发器加一个时钟控制端 CP，只有在 CP 端上出现时钟脉冲时，触发器的状态才能变化。具有时钟脉冲控制的触发器状态的改变与时钟脉冲同步，所以称为同步触发器。

同步 RS 触发器的电路结构如图 6-2 所示。

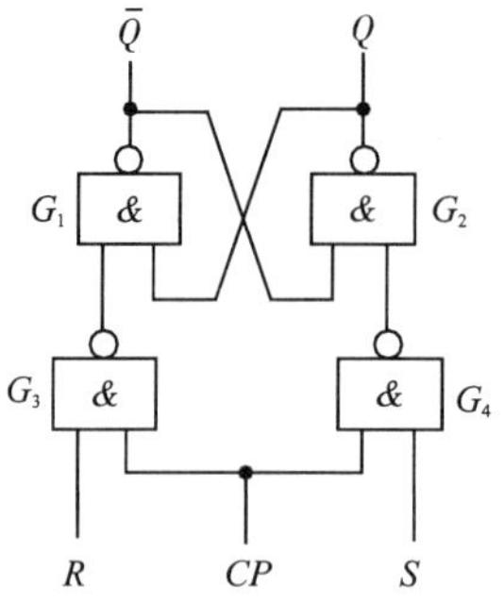

(a)逻辑图

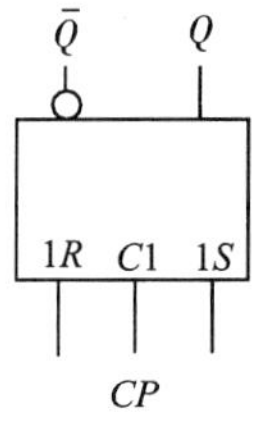

(b)逻辑符号

图 6－2　同步 RS 触发器

同步 RS 触发器的逻辑功能如表 6－2 所示。

表 6－2　同步 RS 触发器的功能表

R	S	Q^n	Q^{n+1}	功能说明
0	0	0	0	保持原状态
0	0	1	1	
0	1	0	1	输出状态置 1
0	1	1	1	
1	0	0	0	输出状态置 0
1	0	1	0	
1	1	0	×	输出状态不稳定
1	1	1	×	

当 $CP=0$ 时，控制门 G_3、G_4 关闭，都输出 1。这时，不管 R 端和 S 端的信号如何变化，触发器的状态保持不变。

当 $CP=1$ 时，G_3、G_4 打开，R、S 端的输入信号才能通过这两个门，使基本 RS 触发器的状态翻转，其输出状态由 R、S 端的输入信号决定。

由此可以看出，同步 RS 触发器的状态转换分别由 R、S 和 CP 控制，其中，R、S 控制状态转换的方向，即转换为何种次态；CP 控制状态转换的时刻，即何时发生转换。

触发器的功能可以用以下几种方法表示：

① 特性方程。触发器次态 Q^{n+1} 与输入状态 R、S 及现态 Q^n 之间关系的逻辑表达式称为触发器的特性方程。根据表 6－2 可画出同步 RS 触发器 Q^{n+1} 的卡诺图，如图 6－3 所示。由此可得同步 RS 触发器的特性方程为：

$$Q^{n+1} = S + \overline{R}Q^n$$

$$RS=0 \quad \text{（约束条件）}$$

② 状态转换图。状态转换图表示触发器从一个状态变化到另一个状态或保持原状不变时，对输入信号的要求。同步 RS 触发器的状态转换图如图 6－4 所示。

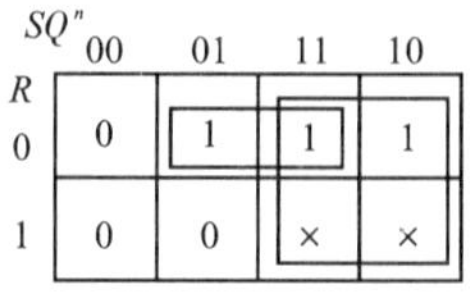

图 6－3　同步 RS 触发器 Q^{n+1} 的卡诺图

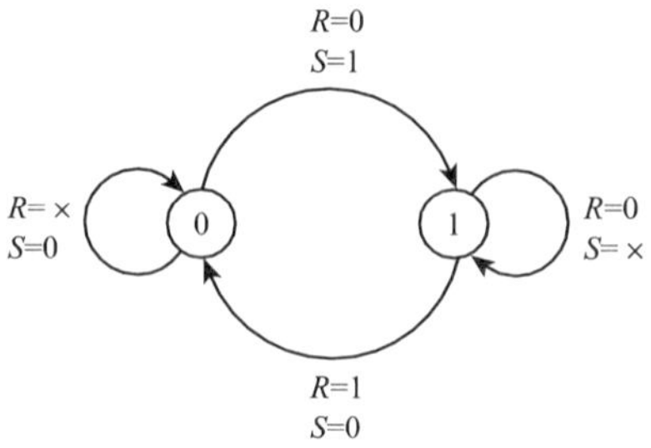

图 6－4　同步 RS 触发器的状态转换图

③ 驱动表。驱动表是用表格的方式表示触发器从一个状态变化到另一个状态或保持原状态不变时，对输入信号的要求。表 6－3 所示是根据表 6－2 画出的同步 RS 触发器的驱动表。驱动表对时序逻辑电路的设计是很有用的。

表 6－3　　　　同步 RS 触发器的驱动表

Q^n	$\longrightarrow Q^{n+1}$	R	S
0	0	×	0
0	1	0	1
1	0	1	0
1	1	0	×

④ 波形图。触发器的功能也可以用输入输出波形图直观地表示出来，图 6－5 所示为同步 RS 触发器的波形图。

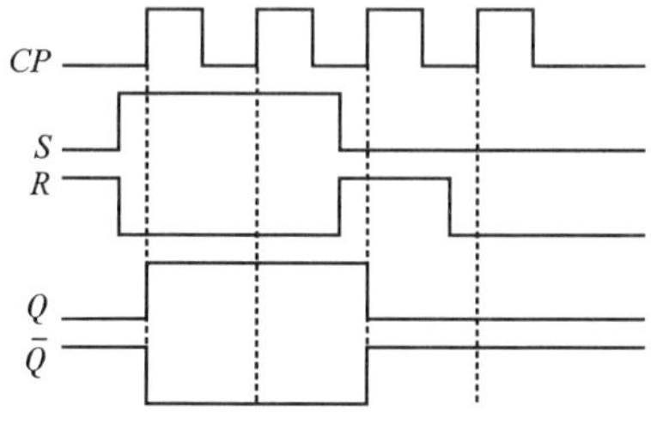

图 6－5　同步 RS 触发器的波形图

（3）主从 RS 触发器。主从 RS 触发器电路结构如图 6－6（a）所示。

主从触发器的触发翻转分为两个节拍：

① 当 $CP=1$ 时，$CP'=0$，从触发器被封锁，保持原状态不变。这时，G_7、G_8 打开，主触发器工作，接收 R 和 S 端的输入信号。

② 当 CP 由 1 跃变到 0 时，即 $CP=0$、$CP'=1$。主触发器被封锁，输入信号 R、S 不再影响主触发器的状态。而这时，由于 $CP'=1$，G_3、G_4 打开，从触发器接收主触发器输出端的状态。

由上分析可知，主从触发器的翻转是在 CP 由 1 变 0 时刻（CP 下降沿）发生的，CP 一旦变为 0 后，主触发器被封锁，其状态不再受 R、S 影响，故主从触发器对输入信号的敏感时间大大缩短，只在 CP 由 1 变 0 的时刻触发翻转，因此不会有空翻现象。

2. JK 触发器。RS 触发器的特性方程中有一约束条件 $SR=0$，即在工作时，不允许输入信号 R、S 同时为 1。这一约束条件使得 RS 触发器在使用时，有时感觉不方便。我们注意到，触发器的两个输出端 Q、$\overline{Q}$ 在正常工作时是互补的，即一个为 1，另一个一定为 0。因此，如果把这两个信号通过两根反馈线分别引到输入端的 G_7、G_8 门，就一定有一个门被封锁，这时，就不怕输入信号同时为 1 了。这就是主从 JK 触发器的构成思路。

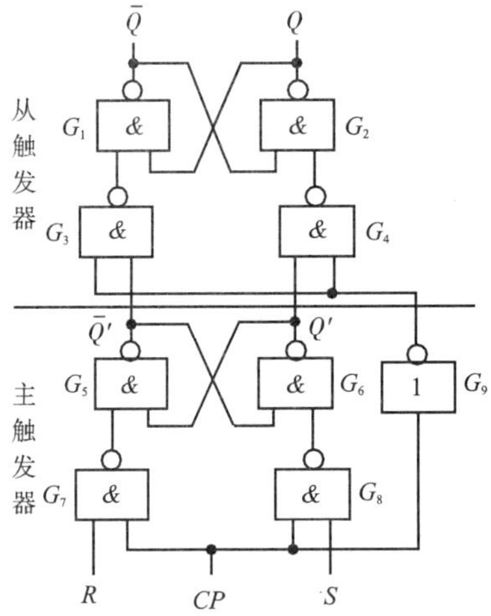

(a)逻辑图

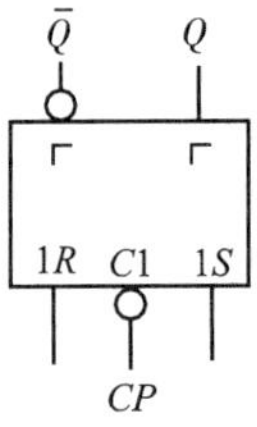

(b)逻辑符号

图 6－6　主从 RS 触发器

主从结构的 JK 触发器如图 6－7 所示。在主从 RS 触发器的基础上增加两根反馈线，一根从 Q 端引到 G_7 门的输入端，一根从 $\overline{Q}$ 端引到 G_8 门的输入端，并把原来的 S 端改为 J 端，把原来的 R 端改为 K 端。

J 和 K 是数据输入端，是触发器状态更新的依据，Q 与 $\overline{Q}$ 为两个互补输出端。通常把 $Q=0$、$\overline{Q}=1$ 的状态定为触发器“0”状态；而把 $Q=1$，$\overline{Q}=0$ 定为“1”状态。

主从 JK 触发器的工作原理分为两个过程：

（1）当 $CP=1$ 时，$CP'=0$，从触发器被封锁，保持原状态不变。这时，G_7、G_8 打开，主触发器工作，接收 J 和 K 端的输入信号。

（2）当 CP 由 1 跃变到 0 时，即 $CP=0$、$CP'=1$。主触发器被封锁，输入信号 J、K 不再影响主触发器的状态。而这时，由于 $CP'=1$，G_3、G_4 打开，从触发器接收主触发器输出

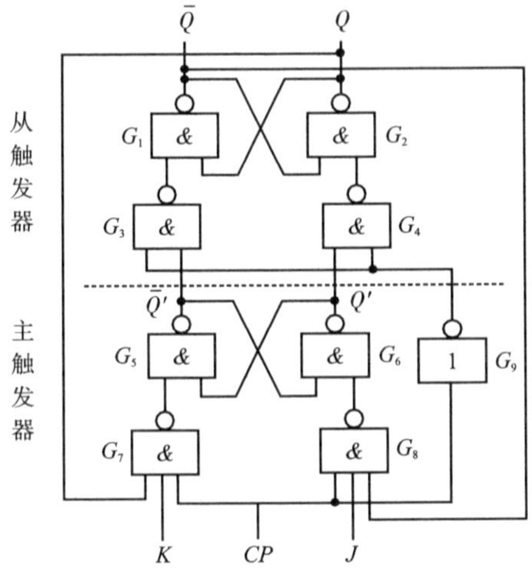

图 6－7　主从结构的 JK 触发器

端的状态。

由上分析可知，主从触发器的翻转是在 *CP* 由 1 变 0 时刻（*CP* 下降沿）发生的，*CP* 一旦变为 0 后，主触发器被封锁，其状态不再受 *J*、*K* 影响，故主从触发器对输入信号的敏感时间大大缩短，只在 *CP* 由 1 变 0 的时刻触发翻转，因此不会有空翻现象。

JK 触发器的逻辑功能与 RS 触发器的逻辑功能基本相同，不同之处是 JK 触发器没有约束条件，在 $J=K=1$ 时，每输入一个时钟脉冲后，触发器向相反的状态翻转一次。

表 6－4 为 JK 触发器的功能表。

表 6－4　　　　JK 触发器的功能表

J	K	Q^n	Q^{n+1}	功能说明
0	0	0	0	保持原状态
0	0	1	1	
0	1	0	0	输出状态置 0
0	1	1	0	
1	0	0	1	输出状态置 1
1	0	1	1	
1	1	0	1	输出状态翻转
1	1	1	0	

根据表 6－4 可画出 JK 触发器 Q^{n+1} 的卡诺图，如图 6－8 所示。由此可得 JK 触发器的特性方程为：

$$Q^{n+1}=J\overline{Q^n}+\overline{K}Q^n$$

JK 触发器的状态转换图如图 6－9 所示。

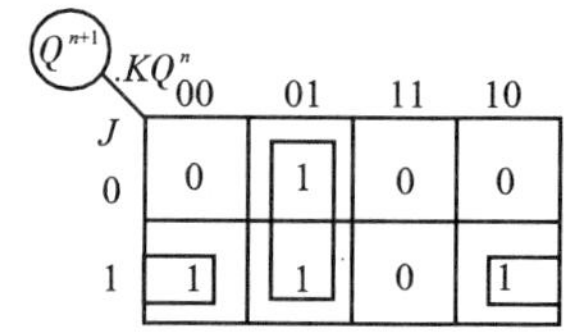

图 6－8　JK 触发器 Q^{n+1} 的卡诺图

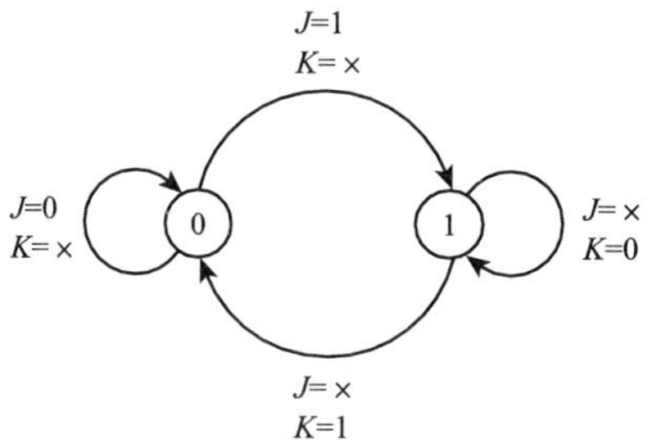

图 6－9　JK 触发器的状态转换图

JK 触发器的波形图如图 6－10 所示。

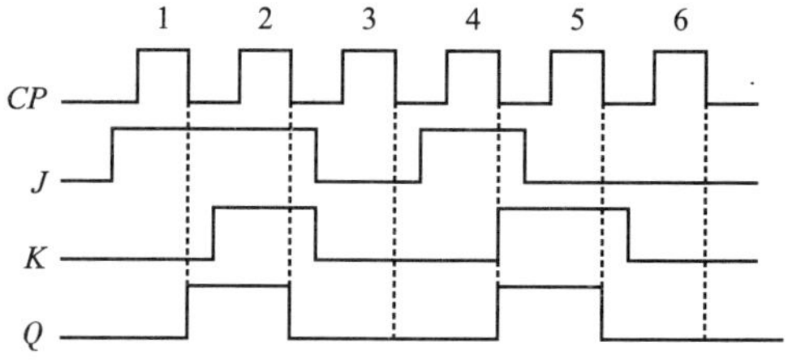

图 6－10　波形图

在输入信号为双端的情况下，JK 触发器是功能完善、使用灵活和通用性较强的一种触发器。本实验采用 74LS112 双 JK 触发器，是下降边沿触发的边沿触发器。引脚功能及逻辑符号如图 6－11 所示。

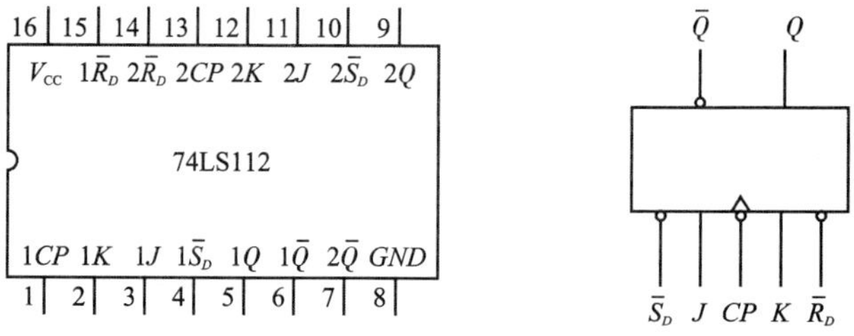

图 6－11　74LS112 双 JK 触发器引脚排列及逻辑符号

3. D 触发器。在数字电路中，凡在 *CP* 时钟脉冲控制下，根据输入信号情况的不同，具有置 0、置 1 功能的电路，称为 D 触发器。

在输入信号为单端的情况下，D 触发器用起来最为方便。本实验采用上升沿触发的双 D

触发器 74LS74，引脚功能及逻辑符号如图 6－12 所示。

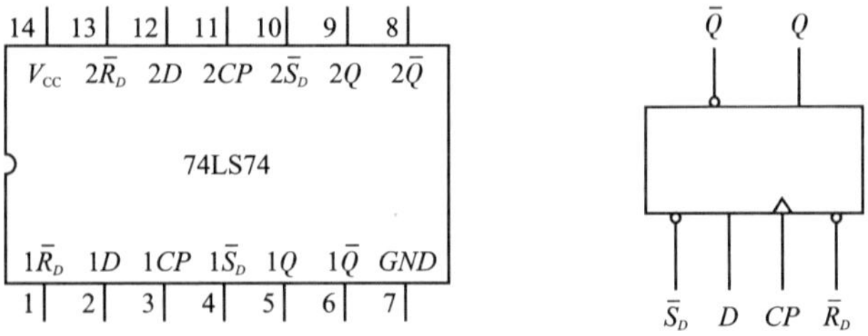

图 6－12　74LS74 引脚排列及逻辑符号

其输出状态的更新发生在 *CP* 脉冲的上升沿，故又称为上升沿触发的边沿触发器，触发器的状态只取决于时钟到来前 *D* 端的状态，D 触发器的应用很广，可用作数字信号的寄存，移位寄存，分频和波形发生等。有很多种型号可供各种用途的需要而选用。

D 触发器的功能表如表 6－5 所示。

表 6－5　　D 触发器的功能表

D	Q^n	Q^{n+1}	功能说明
0	0	0	输出状态与 D 状态相同
0	1	0	
1	0	1	
1	1	1	

根据 D 触发器的功能表可得到其状态方程为：$Q^{n+1}=D^n$

D 触发器的状态转换图如图 6－13 所示，波形图如图 6－14 所示。

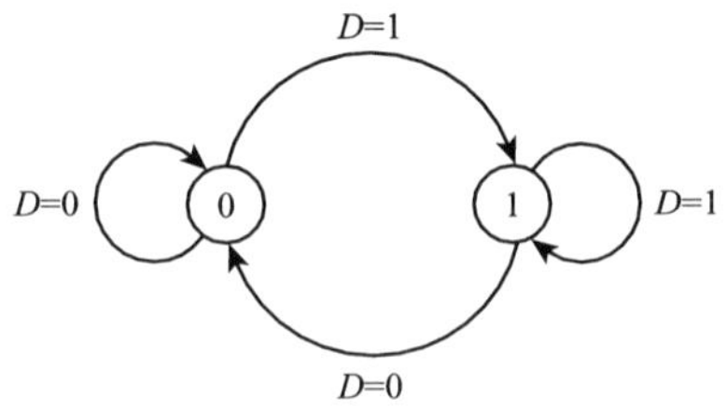

图 6－13　D 触发器的状态转换图

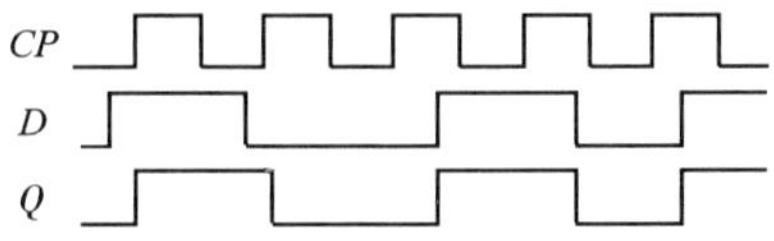

图 6－14　D 触发器的波形图

四、实验内容及步骤

1. 74LS74 逻辑功能测试。

(1) 直接置位（S_D）端复位（R_D）端功能测试。

利用逻辑开关改变$\overline{R_D}$、$\overline{S_D}$的逻辑状态（D，CP 状态随意），观测相应的 Q、$\overline{Q}$ 状态，从而总结出两个输入控制端的功能。将测试结果记入表 6－6 中。

表 6－6

CP	D	$\overline{R_D}$	$\overline{S_D}$	Q	$\overline{Q}$
	×	1	0		
	×	0	1		

(2) D 与 CP 端功能测试

从 CP 端输入单个脉冲，按表 6－7 改变开关状态。并将测试结果记入表 6－7 中。

2. 74LS112 逻辑功能测试。

(1) 直接置位（$\overline{S_D}$）复位（$\overline{R_D}$）功能测试。

利用逻辑开关改变$\overline{R_D}$、$\overline{S_D}$的逻辑状态（J、K、CP 状态随意），观测相应的 Q、$\overline{Q}$ 状态。

(2) 功能测试。

CP 端加单脉冲，按表 6－8 利用开关改变各端状态，并将测试结果记入表 6－8 中。

表 6－7

输　入				输　出 Q^{n+1}	
D	$\overline{R_D}$	$\overline{S_D}$	CP	原状态 $Q^n=0$	原状态 $Q^n=1$
0	1	1	0→1		
	1	1	1→0		
1	1	1	0→1		
	1	1	1→0		

表 6－8

输　入				输　出 Q^{n+1}	
J	K	$\overline{R_D}$	CP	原状态 $Q^n=0$	原状态 $Q^n=1$
0	0	1	0→1		
			1→0		
0	1	1	0→1		
			1→0		

续表

输　入				输　出 Q^{n+1}	
J	K	$\overline{R_D}$	CP	原状态 $Q^n=0$	原状态 $Q^n=1$
1	0	1	0→1		
			1→0		
1	1	1	0→1		
			1→0		

五、思考题

如图6－15所示，图中触发器均为边沿触发，且初始状态为0。试画出在 CP 作用下 Q_1、Q_2 和 Z 的波形。

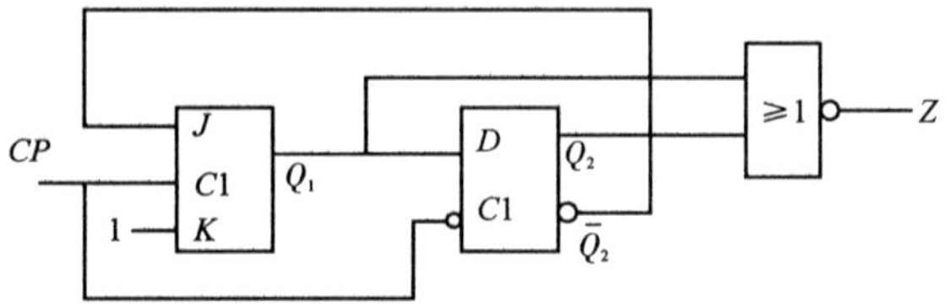

图6－15

实验七

同步计数器逻辑功能测试及应用

一、实验目的

1. 掌握同步计数器的工作原理、分析方法和逻辑功能。
2. 熟悉中规模集成电路计数器 74LS161 的逻辑功能，使用方法及应用。

二、实验仪器及器材

1. 数字电路实验箱。
2. 74LS161 同步加法二进制计数器。
3. 74LS00 二输入四与非门。

三、实验原理

计数器是用以统计输入脉冲 *CP* 个数的电路，是一个实现计数功能的时序部件。它不仅可用来计脉冲数，还常用做数字系统的定时、分频和执行数字运算以及其他特定的逻辑功能。

按计数进制可分为二进制计数器和非二进制计数器。非二进制计数器中最典型的是十进制计数器。按数字的增减趋势可分为加法计数器、减法计数器和可逆计数器。按计数器中触发器翻转是否与计数脉冲同步分为同步计数器和异步计数器。

1. 中规模同步二进制计数器 74LS161。74LS161 是 4 位同步二进制加法计数器。其引脚排列如图 7－1，功能表如表 7－1。

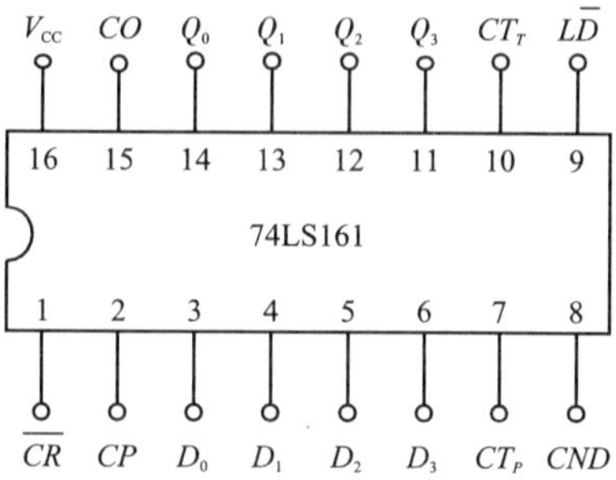

图 7－1　74LS161 引脚排列

表 7－1　74LS161 功能表

输入									输出			
$\overline{CR}$	$\overline{LD}$	CT_T	CT_P	CP	D_0	D_1	D_2	D_3	Q_0	Q_1	Q_2	Q_3
0	×	×	×	×	×	×	×	×	0	0	0	0
1	0	×	×	↑	d_0	d_1	d_2	d_3	d_0	d_1	d_2	d_3
1	1	1	1	↑	×	×	×	×		计	数	
1	1	0	×	×	×	×	×	×		保	持	
1	1	×	0	×	×	×	×	×		保	持	

图 7－2 所示为由 4 个 JK 触发器组成的 4 位同步二进制加法计数器的逻辑图。图中各触发器的时钟脉冲输入端接同一计数脉冲 CP，显然，这是一个同步时序电路。

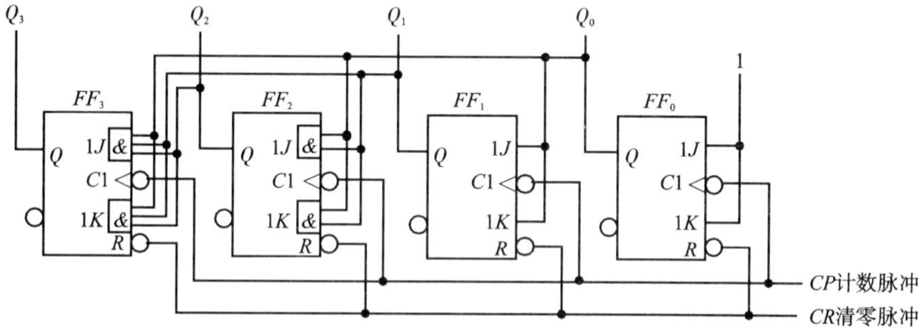

图 7－2　4 位同步二进制加法计数器的逻辑图

各触发器的驱动方程分别为：

$J_0 = K_0 = 1$，

$J_1 = K_1 = Q_0$，

$J_2 = K_2 = Q_0 Q_1$，

$J_3 = K_3 = Q_0 Q_1 Q_2$

计数器电路的状态表如表 7－2 所示。

表 7-2　　4 位二进制同步加法计数器的状态表

计数脉冲序号	电路状态				等效十进制数
	Q_3	Q_2	Q_1	Q_0	
0	0	0	0	0	0
1	0	0	0	1	1
2	0	0	1	0	2
3	0	0	1	1	3
4	0	1	0	0	4
5	0	1	0	1	5
6	0	1	1	0	6
7	0	1	1	1	7
8	1	0	0	0	8
9	1	0	0	1	9
10	1	0	1	0	10
11	1	0	1	1	11
12	1	1	0	0	12
13	1	1	0	1	13
14	1	1	1	0	14
15	1	1	1	1	15
16	0	0	0	0	0

状态转换图如图 7-3 所示。

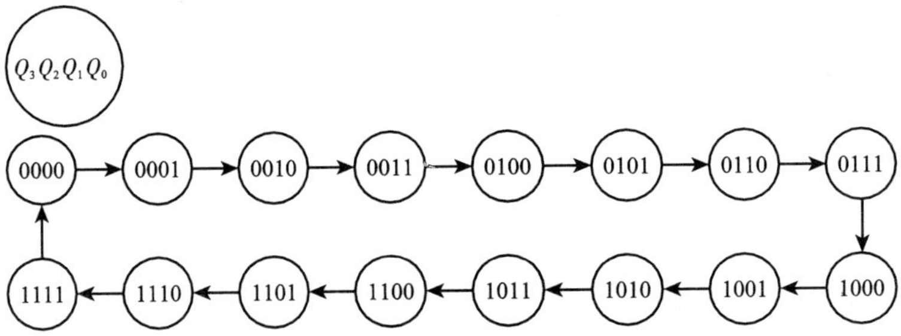

图 7-3　计数器电路的状态图

由状态图可见，从初态 0000（由清零脉冲所置）开始，每输入一个计数脉冲，计数器的状态按二进制加法规律加 1，所以是二进制加法计数器（4 位）。又因为该计数器有 0000 ~ 1111 共 16 个状态，所以也称 16 进制（1 位）加法计数器或模 16（$M=16$）加法计数器。

图 7-4 作出该电路的时序波形图。

2. 集成计数器构成 M 进制（$M<N$）计数器。

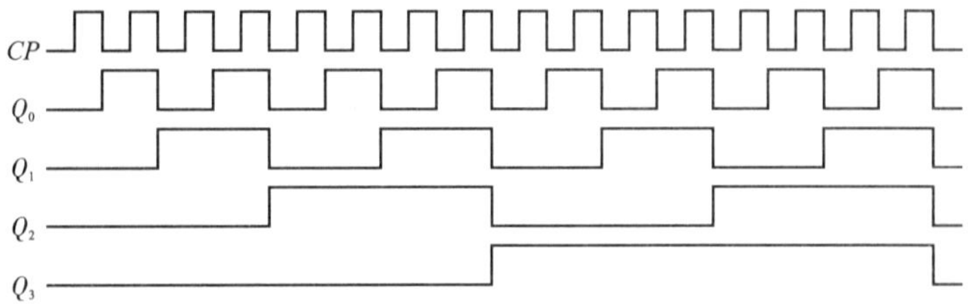

图 7－4　计数器电路的时序波形图

（1）直接清零法。直接清零法是利用芯片的复位端和与非门，将 N 所对应的输出二进制代码中等于“1”的输出端，通过与非门反馈到集成芯片的复位端，使输出回零。这种方法适用于具有同步清零端的集成计数器。

图 7－5（a）所示是采用直接清零法用集成计数器 74LS161 和与非门组成的 6 进制计数器。其状态转换图如图 7－5（b）所示。

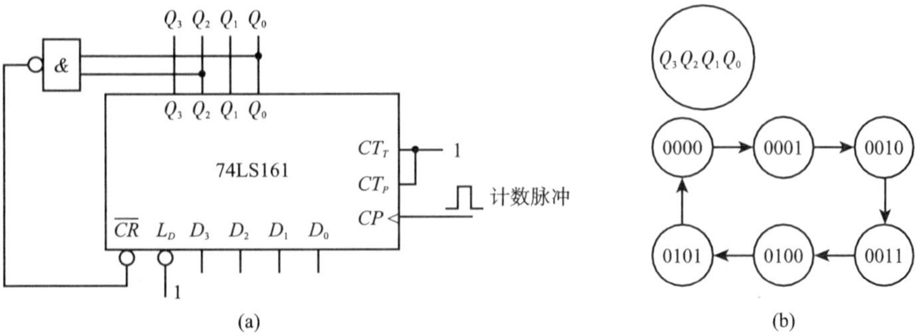

图 7－5　直接清零法组成 6 进制计数器

（2）预置数法。这种方法利用的是芯片的预置控制端和预置输入端 $D_3D_2D_1D_0$，适用于具有同步预置端的集成计数器。图 7－6（a）所示是采用预置数法用集成计数器 74LS161 和与非门组成的 8 进制计数器。其状态转换图如图 7－6（b）所示。

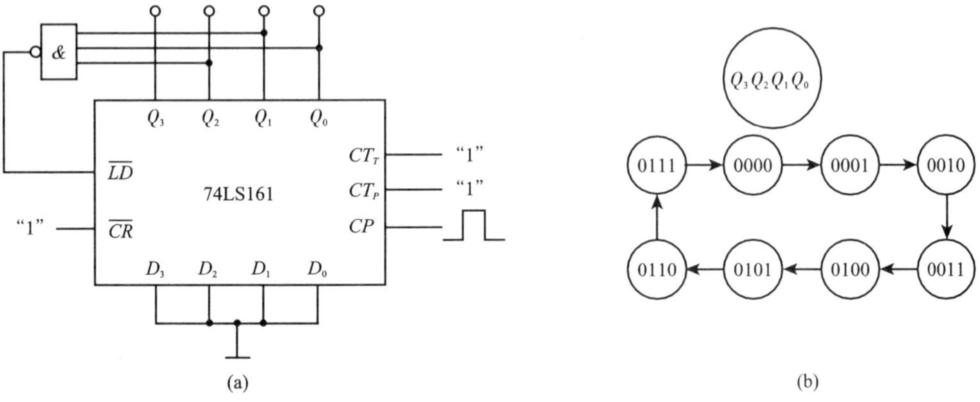

图 7－6　预置数法组成 8 进制计数器

四、实验内容及步骤

1. 测试74LS161的逻辑功能，并记录结果于表7－3。

表7－3

计数脉冲 CP	计数逻辑状态				十进制数
	Q_3	Q_2	Q_1	Q_0	
0					
1					
2					
3					
4					
5					
6					
7					
8					
9					
10					
11					
12					
13					
14					
15					

2. 用清零法将74LS161构成一个十进制计数器。参考图7－7搭接电路，分析其工作原理并画出状态转换图。

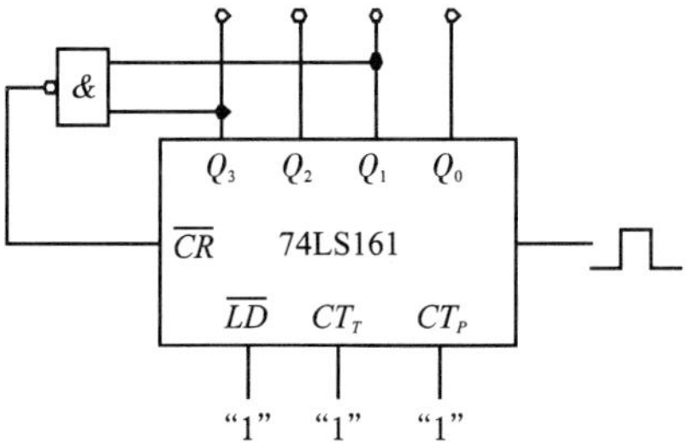

图7－7　74LS161构成十进制计数器

3. 采用预置数法用74LS161芯片构成七进制计数器。参考图7－8搭接电路，分析其工作原理并画出状态转换图。

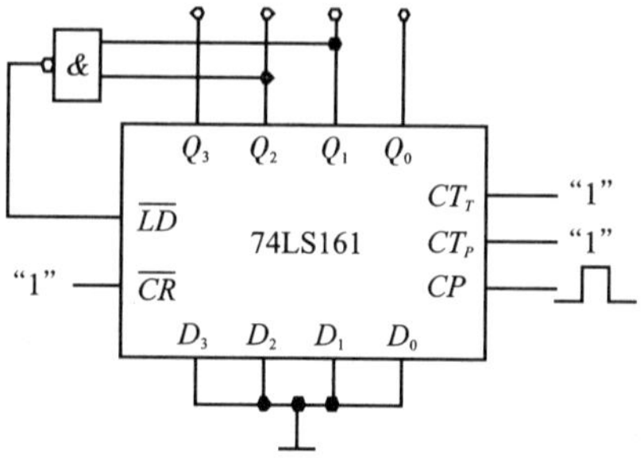

图 7 –8　用 74LS161 芯片构成七进制计数器

五、思考题

1. 试采用清零法将 74LS161 构成一个十二进制计数器。要求画出电路图，分析其工作原理并画出状态转换图。

2. 试采用预置数法用 74LS161 芯片构成十五进制计数器。要求画出电路图，分析其工作原理并画出状态转换图。

实验八

异步计数器逻辑功能测试及应用

一、实验目的

1. 掌握异步计数器的工作原理、分析方法和逻辑功能。
2. 熟悉中规模集成电路计数器 74LS90 的逻辑功能，使用方法及应用。

二、实验仪器及器材

1. 数字电路实验箱。
2. 74LS90 异步加法二进制计数器。
3. 74LS00 二输入四与非门。

三、实验原理

1. 集成计数器 74LS90。集成计数器 74LS90 是二－五－十进制计数器，其管脚排列如图 8－1，功能表如表 8－1。

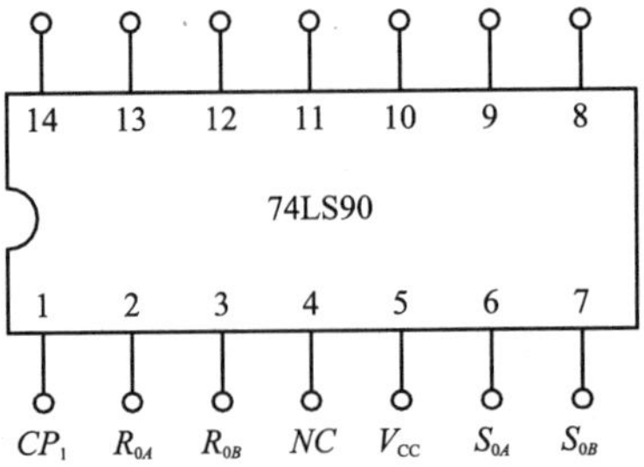

图 8－1　74LS90 管脚排列

表 8－1　　集成计数器 74LS90 功能表

输入						输出			
R_{0A}	R_{0B}	S_{0A}	S_{0B}	CP_0	CP_1	Q_0^{n+1}	Q_1^{n+1}	Q_2^{n+1}	Q_3^{n+1}
1	1	0	×	×	×	0	0	0	0（清零）
1	1	×	0	×	×	0	0	0	0（清零）
×	×	1	1	×	×	1	0	0	1（置 9）
×	0	×	0	↓	0	二进制计数			
×	0	0	×	0	↓	五进制计数			
0	×	×	0	↓	Q_0	8421 码十进制计数			
0	×	0	×	Q_1	↓	5421 码十进制计数			

2. 异步二进制加法计数器。图 8－2 所示为由 4 个下降沿触发的 JK 触发器组成的 4 位异步二进制加法计数器的逻辑图。图中 JK 触发器都接成 T′触发器（即 $J=K=1$）。最低位触发器 FF_0 的时钟脉冲输入端接计数脉冲 CP，其他触发器的时钟脉冲输入端接相邻低位触发器的 Q 端。

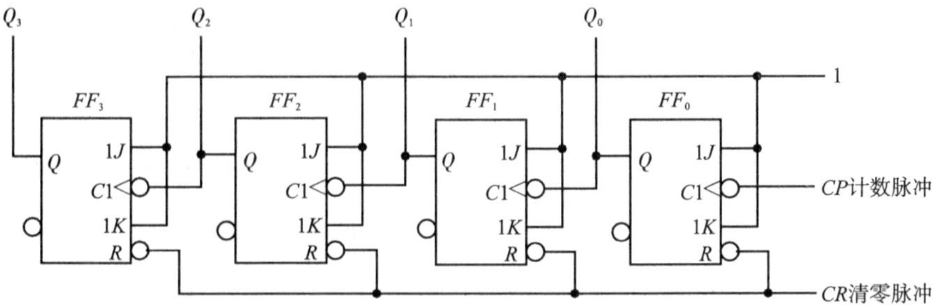

图 8－2　由 JK 触发器组成的 4 位异步二进制加法计数器的逻辑图

该电路的连线简单且规律性强，只需作简单的观察与分析就可画出时序波形图或状态图，这种分析方法称为“观察法”。

用“观察法”作出该电路的时序波形图如图 8－3 所示，状态图如图 8－4 所示。由状态图可见，从初态 0000（由清零脉冲所置）开始，每输入一个计数脉冲，计数器的状态按二进制加法规律加 1，所以是二进制加法计数器（4 位）。又因为该计数器有 0000～1111 共 16 个状态，所以也称 16 进制（1 位）加法计数器或模 16（$M=16$）加法计数器。

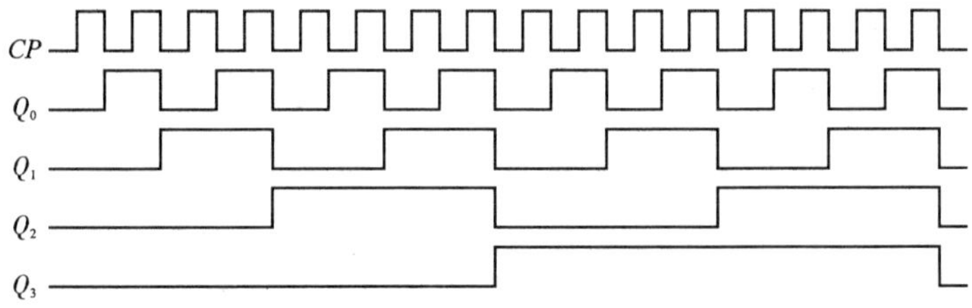

图 8－3　时序波形图

3. 8421 码异步十进制加法计数器。图 8－5 所示为由 4 个下降沿触发的 JK 触发器组成

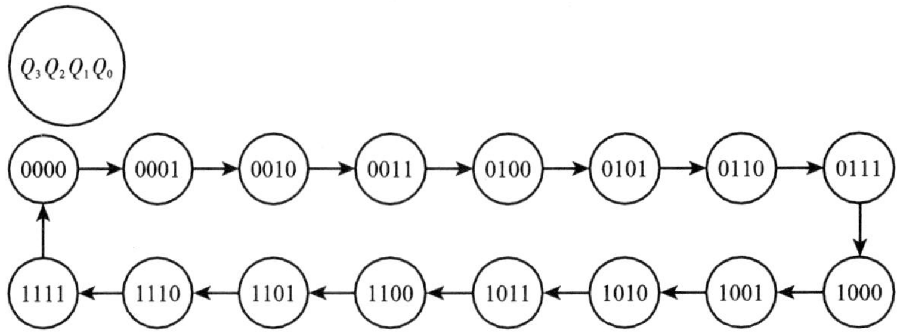

图 8－4　状态图

的 8421 码异步十进制加法计数器的逻辑图。用异步时序逻辑电路分析方法对该电路进行分析：

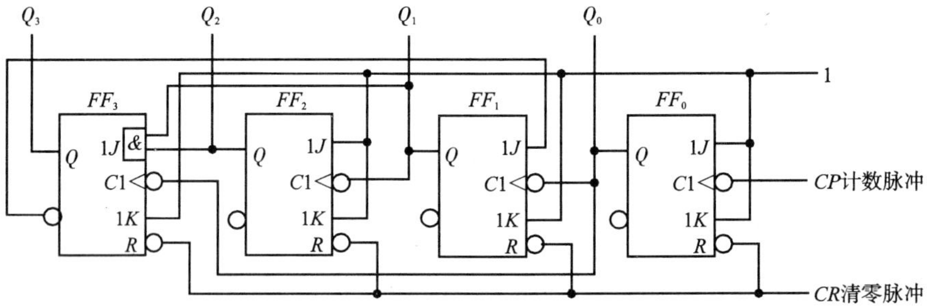

图 8－5　8421 码异步十进制加法计数器的逻辑图

（1）写出各逻辑方程式。

① 时钟方程：

$CP_0 = CP$（时钟脉冲源的上升沿触发。）

$CP_1 = Q_0$（当 FF_0 的 Q_0 由 1→0 时，Q_1 才可能改变状态，否则 Q_1 将保持原状态不变。）

$CP_2 = Q_1$（当 FF_1 的 Q_1 由 1→0 时，Q_2 才可能改变状态，否则 Q_2 将保持原状态不变。）

$CP_3 = Q_0$（当 FF_0 的 Q_0 由 1→0 时，Q_3 才可能改变状态，否则 Q_3 将保持原状态不变。）

② 各触发器的驱动方程：

$J_0 = 1$　　　　$K_0 = 1$

$J_1 = \overline{Q_3^n}$　　　　$K_1 = 1$

$J_2 = 1$　　　　$K_2 = 1$

$J_3 = Q_2^n Q_1^n$　　　　$K_3 = 1$

（2）将各驱动方程代入 JK 触发器的特性方程，得各触发器的次态方程：

$$Q_0^{n+1} = J_0\overline{Q_0^n} + \overline{K_0}Q_0^n = \overline{Q_0^n}$$

（C_P 由 1→0 时此式有效）

$$Q_1^{n+1} = J_1\overline{Q_1^n} + \overline{K_1}Q_1^n = \overline{Q_3^n}\,\overline{Q_1^n}$$

（Q_0 由 1→0 时此式有效）

$$Q_2^{n+1}=J_2\overline{Q_2^n}+\overline{K_2}Q_2^n$$
$$=\overline{Q_2^n}$$
（Q_1 由 1→0 时此式有效）

$$Q_3^{n+1}=J_3\overline{Q_3^n}+\overline{K_3}Q_3^n$$
$$=Q_2^nQ_1^n\overline{Q_3^n}$$
（Q_0 由 1→0 时此式有效）

（3）作状态转换表。

设初态为 $Q_3Q_2Q_1Q_0=0000$，代入次态方程进行计算，得状态转换表如表 8-2 所示。

表 8-2　状态表

计数脉冲序号	现态				次态				时钟脉冲			
	Q_3^n	Q_2^n	Q_1^n	Q_0^n	Q_3^{n+1}	Q_2^{n+1}	Q_1^{n+1}	Q_0^{n+1}	CP_3	CP_2	CP_1	CP_0
0	0	0	0	0	0	0	0	1	0	0	0	↓
1	0	0	0	1	0	0	1	0	↓	0	↓	↓
2	0	0	1	0	0	0	1	1	0	0	0	↓
3	0	0	1	1	0	1	0	0	↓	↓	↓	↓
4	0	1	0	0	0	1	0	1	0	0	0	↓
5	0	1	0	1	0	1	1	0	↓	0	↓	↓
6	0	1	1	0	0	1	1	1	0	0	0	↓
7	0	1	1	1	1	0	0	0	↓	↓	↓	↓
8	1	0	0	0	1	0	0	1	0	0	0	↓
9	1	0	0	1	0	0	0	0	↓	↓	↓	↓

状态转换图如图 8-6 所示。

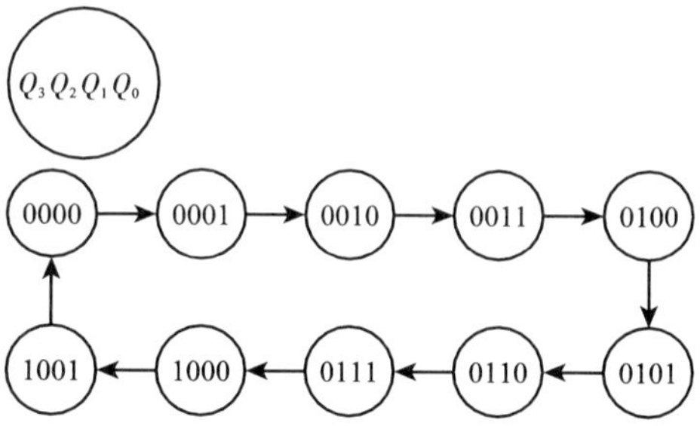

图 8-6　状态图

时序波形图如图 8-7 所示。

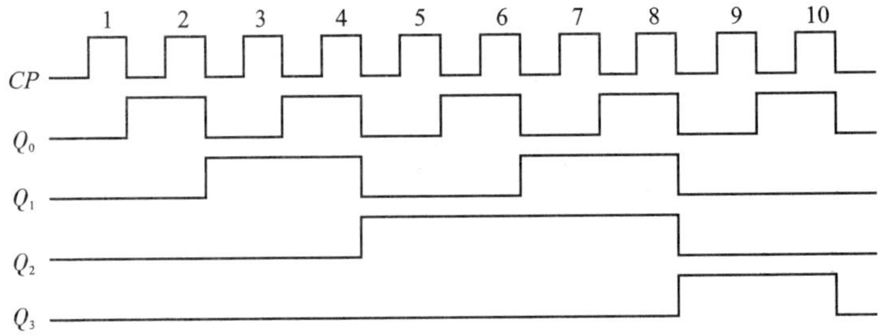

图 8-7　时序波形图

四、实验内容及步骤

1. 测试 74LS90 的逻辑功能，并记录结果于表 8-3。

表 8-3

计数脉冲 CP	计数逻辑状态				十进制数
	Q_3	Q_2	Q_1	Q_0	
0					
1					
2					
3					
4					
5					
6					
7					
8					
9					
10					
11					
12					
13					
14					
15					

2. 74LS90 芯片构成十进制计数器。参考图 8-8 接电路，分析其工作原理，测试其逻辑功能并画出状态转换图。

3. 用置数法将 74LS90 构成一个七进制计数器。参考图 8-9 接电路，分析其工作原理，测试其逻辑功能并画出状态转换图。

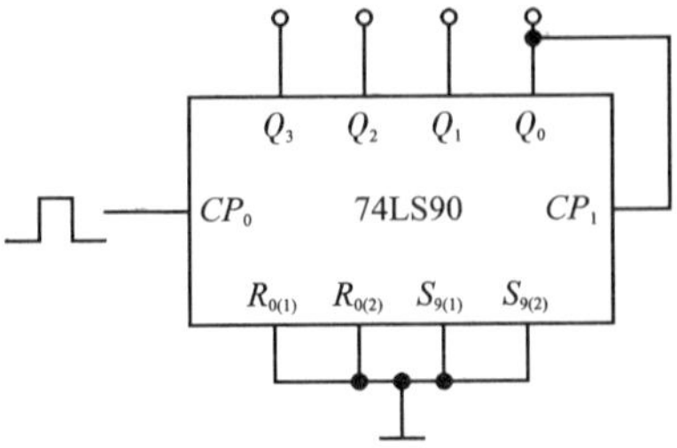

图 8 –8

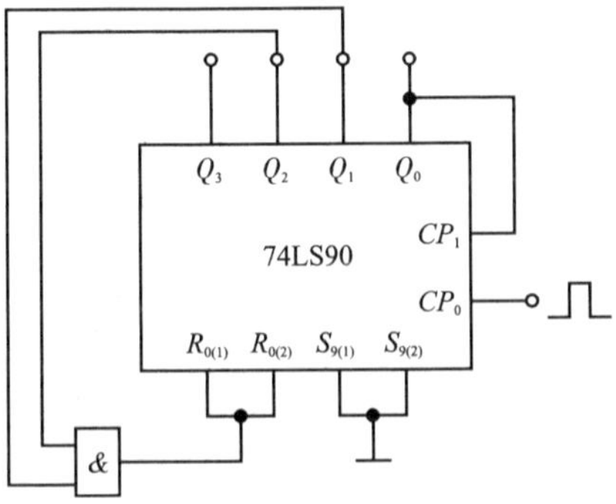

图 8 –9

4. 利用 74LS90 构成一个二十四进制的计数器。参考图 8 –10 接电路，分析其工作原理，测试其逻辑功能并画出状态转换图。

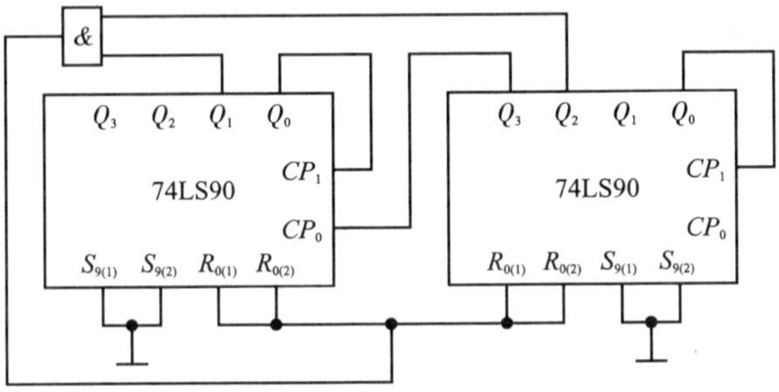

图 8 –10

五、思考题

试利用 74LS90 芯片设计一个二十进制的计数器。要求分析其工作原理，并画出电路图和状态转换图。

*实验九

任意进制计数器的设计

一、实验目的

1. 掌握计数器级联和任意进制计数器的工作原理及其设计方法。
2. 熟悉中规模集成电路计数器 74161、74191 的逻辑功能，使用方法及应用。

二、实验仪器及器材

1. 数字电路实验箱。
2. 74161 同步加法二进制计数器。
3. 74191 二进制同步可逆计数器。

三、实验原理

1. 8421BCD 码同步十进制加法计数器 74160。8421BCD 码同步十进制加法计数器的逻辑图如图 9－1 所示。

用同步时序逻辑电路分析方法对该电路进行分析。

（1）写出各逻辑方程式。

输出方程：$CO = Q_3^n Q_0^n$

各触发器的驱动方程：

$J_0 = 1 \qquad K_0 = 1$

$J_1 = \overline{Q_3^n} Q_0^n \qquad K_1 = Q_0^n$

$J_2 = Q_1^n Q_0^n \qquad K_2 = Q_1^n Q_0^n$

$J_3 = Q_2^n Q_1^n Q_0^n \qquad K_3 = Q_0^n$

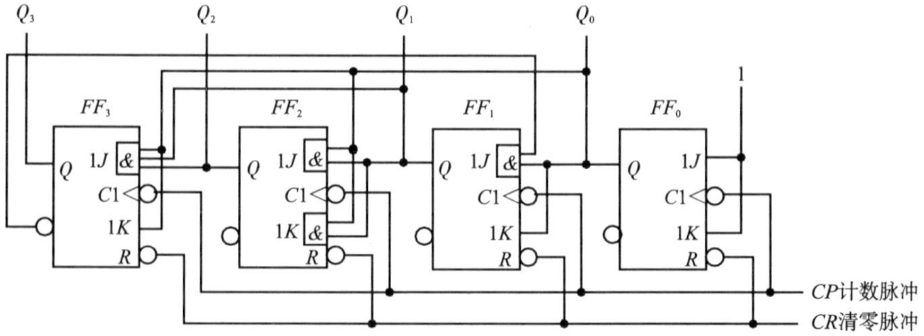

图 9－1　8421BCD 码同步十进制加法计数器的逻辑图

（2）将各驱动方程代入 JK 触发器的特性方程，得各触发器的次态方程：

$$Q_0^{n+1} = J_0 \overline{Q_0^n} + \overline{K_0} Q_0^n = \overline{Q_0^n}$$

$$Q_1^{n+1} = J_1 \overline{Q_1^n} + \overline{K_1} Q_1^n = \overline{Q_3^n Q_1^n} \quad Q_0^n + Q_1^n \overline{Q_0^n}$$

$$Q_2^{n+1} = J_2 \overline{Q_2^n} + \overline{K_2} Q_2^n = Q_2^n Q_1^n Q_0^n + \overline{Q_0^n Q_1^n} Q_2^n$$

$$Q_3^{n+1} = J_3 \overline{Q_3^n} + \overline{K_3} Q_3^n = Q_2^n Q_1^n \overline{Q_3^n} Q_0^n + Q_3^n \overline{Q_0^n}$$

（3）作状态转换表。设初态为 $Q_3 Q_2 Q_1 Q_0 = 0000$，代入次态方程进行计算，得状态转换表如表 9－1 所示。

表 9－1　　　　　　　　　　　　状态转换表

计数脉冲序号	现态				次态			
	Q_3^n	Q_2^n	Q_1^n	Q_0^n	Q_3^{n+1}	Q_2^{n+1}	Q_1^{n+1}	Q_0^{n+1}
0	0	0	0	0	0	0	0	1
1	0	0	0	1	0	0	1	0
2	0	0	1	0	0	0	1	1
3	0	0	1	1	0	1	0	0
4	0	1	0	0	0	1	0	1
5	0	1	0	1	0	1	1	0
6	0	1	1	0	0	1	1	1
7	0	1	1	1	1	0	0	0
8	1	0	0	0	1	0	0	1
9	1	0	0	1	0	0	0	0

（4）作状态转换图及时序图。根据状态转换表作出电路的状态转换图如图 9－2 所示，时序图如图 9－3 所示。由状态表、状态图或时序图可见，该电路为一 8421BCD 码十进制加法计数器。

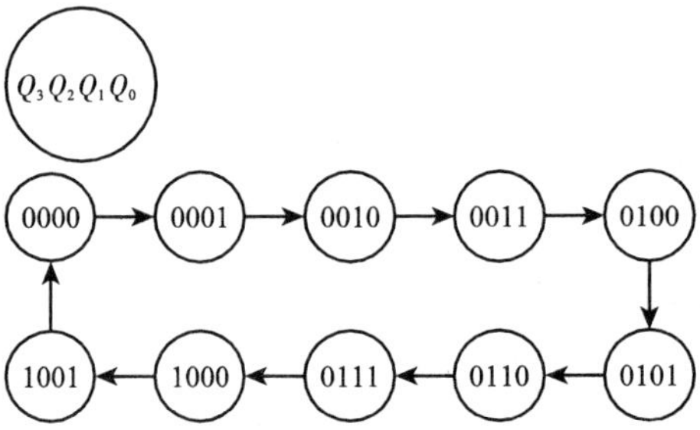

图 9－2　状态转换图

（5）检查电路能否自启动。由于电路中有 4 个触发器，它们的状态组合共有 16 种，而在 8421BCD 码计数器中只用了 10 种，称为有效状态，其余 6 种状态称为无效状态。在实际工作中，当由于某种原因，使计数器进入无效状态时，如果能在时钟信号作用下，最终进入有效状态，我们就称该电路具有自启动能力。

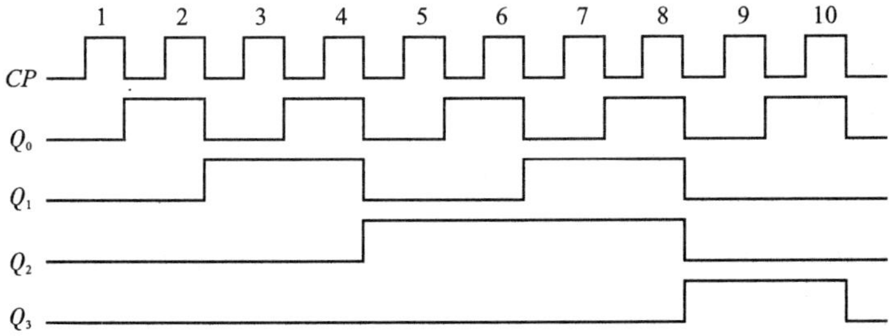

图 9－3　时序图

用同样的分析方法分别求出 6 种无效状态下的次态，补充到状态图中，得到完整的状态转换图 9－4，可见，电路能够自启动。

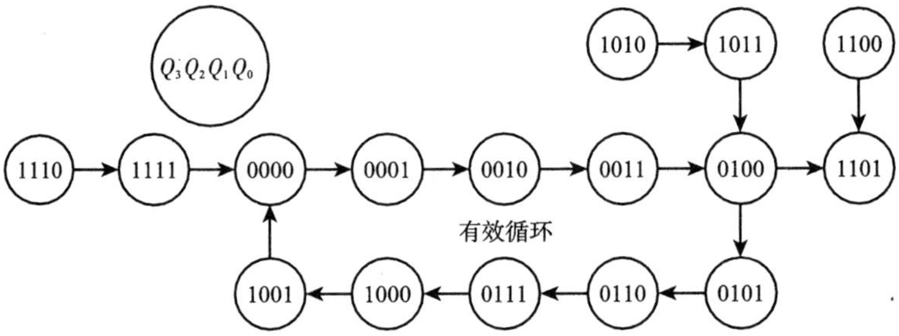

图 9－4　完整的状态图

8421BCD 码同步加法计数器 74160 的逻辑功能示意图和引脚图如图 9－5 所示，其功能表如表 9－2 所示。各功能实现的具体情况参见 74160 的逻辑图。其中进位输出端 *RCO* 的逻辑表达式为：

$$RCO = ET \cdot Q_3 \cdot Q_0$$

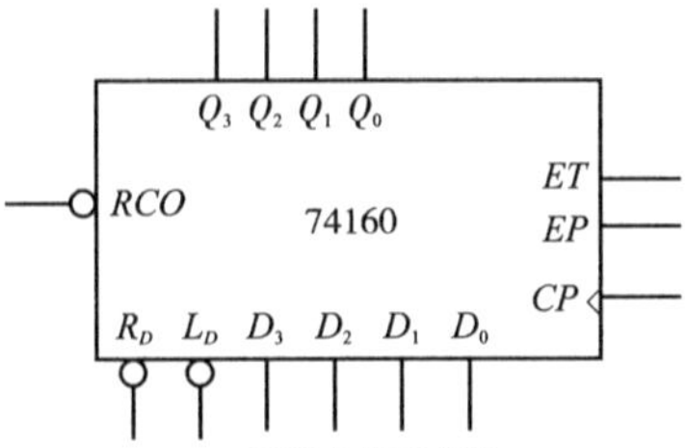

(a)逻辑功能示意图

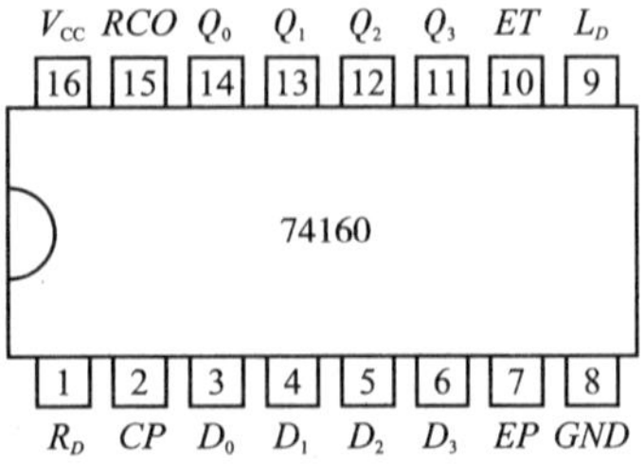

(b)引脚图

图 9－5　74160 的逻辑功能示意图和引脚图

表 9－2　　74160 的功能表

清零	预置	使能	时钟	预置数据输入	输出	工作模式
R_D	L_D	EP　ET	CP	D_3　D_2　D_1　D_0	Q_3　Q_2　Q_1　Q_0	
0	×	×　×	×	×　×　×　×	0　0　0　0	异步清零
1	0	×　×	↑	d_3　d_2　d_1　d_0	d_3　d_2　d_1　d_0	同步置数
1	1	0　×	×	×　×　×　×	保　持	数据保持
1	1	×　0	×	×　×　×　×	保　持	数据保持
1	1	1　1	↑	×　×　×　×	十进制计数	加法计数

2. 二进制同步 4 位加法计数器 74161。集成电路 74161 的工作原理和逻辑功能与集成电路 74160 相类似，区别在于它是二进制计数器。集成电路 74161 的功能表如表 9－3 所示。其时序图如图 9－6 所示。

表 9－3　　74161 的功能表

清零	预置	使能	时钟	预置数据输入	输出	工作模式
R_D	L_D	EP　ET	CP	D_3　D_2　D_1　D_0	Q_3　Q_2　Q_1　Q_0	
0	×	×　×	×	×　×　×　×	0　0　0　0	异步清零
1	0	×　×	↑	d_3　d_2　d_1　d_0	d_3　d_2　d_1　d_0	同步置数
1	1	0　×	×	×　×　×　×	保　持	数据保持
1	1	×　0	×	×　×　×　×	保　持	数据保持
1	1	1　1	↑	×　×　×　×	计　数	加法计数

由表可知，74161 具有以下功能：

① 异步清零。当 $RD=0$ 时，不管其他输入端的状态如何，不论有无时钟脉冲 CP，计数器输出将被直接置零（$Q_3Q_2Q_1Q_0=0000$），称为异步清零。

② 同步并行预置数。当 $R_D=1$、$L_D=0$ 时，在输入时钟脉冲 CP 上升沿的作用下，并行输入端的数据 $d_3d_2d_1d_0$ 被置入计数器的输出端，即 $Q_3Q_2Q_1Q_0=d_3d_2d_1d_0$。由于这个操作要与 CP 上升沿同步，所以称为同步预置数。

③ 计数。当 $R_D=L_D=EP=ET=1$ 时，在 CP 端输入计数脉冲，计数器进行二进制加法计数。

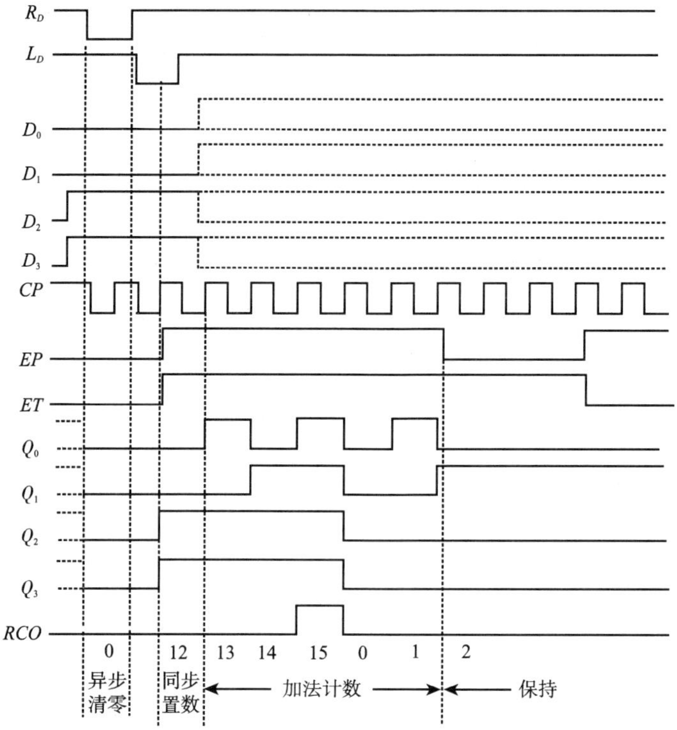

图 9－6　74161 的时序图

④ 保持。当 $R_D=L_D=1$，且 $EP \cdot ET=0$，即两个使能端中有 0 时，则计数器保持原来的状态不变。这时，如 $EP=0$、$ET=1$，则进位输出信号 RCO 保持不变；如 $ET=0$ 则不管 EP 状态如何，进位输出信号 RCO 为低电平 0。

3. 二进制同步 4 位可逆计数器 74191。图 9－7（a）是集成 4 位二进制同步可逆计数器 74191 的逻辑功能示意图，图（b）是其引脚排列图。其中 L_D 是异步预置数控制端，D_3、D_2、D_1、D_0 是预置数据输入端；EN 是使能端，低电平有效；$D/\bar{U}$ 是加/减控制端，为 0 时作加法计数，为 1 时作减法计数；MAX/MIN 是最大/最小输出端，RCO 是进位/借位输出端。

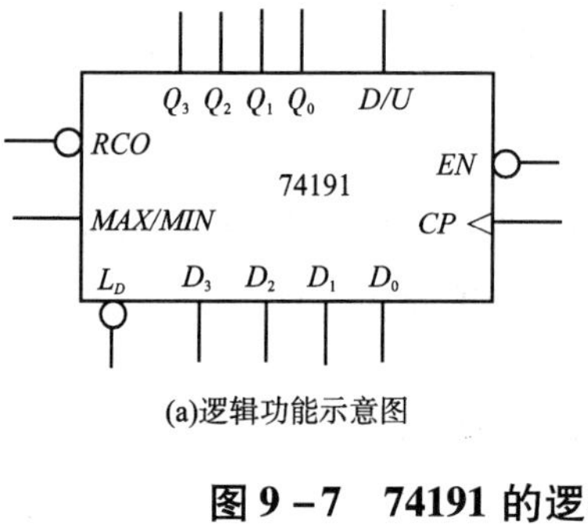

(a)逻辑功能示意图

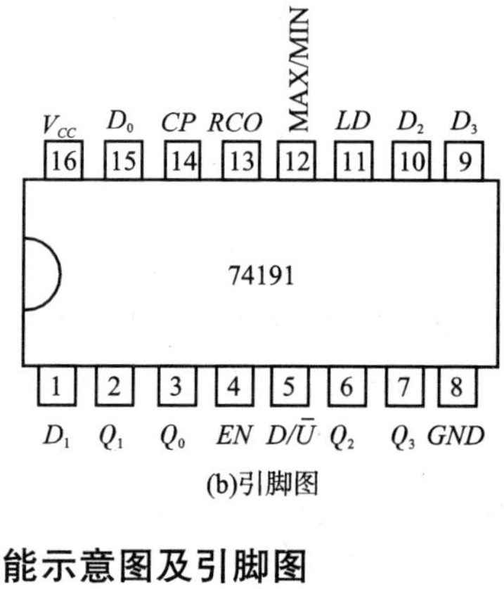

(b)引脚图

图 9－7　74191 的逻辑功能示意图及引脚图

表 9-4　　74191 的功能表

预置	使能	加/减控制	时钟	预置数据输入	输出	工作模式
L_D	EN	$D/\overline{U}$	CP	D_3　D_2　D_1　D_0	Q_3　Q_2　Q_1　Q_0	
0	×	×	×	d_3　d_2　d_1　d_0	d_3　d_2　d_1　d_0	异步置数
1	1	×	×	×　×　×　×	保　持	数据保持
1	0	0	↑	×　×　×　×	加法计数	加法计数
1	0	1	↑	×　×　×　×	减法计数	减法计数

表 9-4 是 74191 的功能表。由表可知，74191 具有以下功能：

（1）异步置数。当 $L_D=0$ 时，不管其他输入端的状态如何，不论有无时钟脉冲 CP，并行输入端的数据 $d_3d_2d_1d_0$ 被直接置入计数器的输出端，即 $Q_3Q_2Q_1Q_0=d_3d_2d_1d_0$。由于该操作不受 CP 控制，所以称为异步置数。注意该计数器无清零端，需清零时可用预置数的方法置零。

（2）保持。当 $L_D=1$ 且 $EN=1$ 时，则计数器保持原来的状态不变。

（3）计数。当 $L_D=1$ 且 $EN=0$ 时，在 CP 端输入计数脉冲，计数器进行二进制计数。当 $D/\overline{U}=0$ 时作加法计数；当 $D/\overline{U}=1$ 时作减法计数。

4. 计数器的级联。两个模 N 计数器级联，可实现 $N\times N$ 的计数器。

（1）同步级联。图 9-8 是用两片 4 位二进制加法计数器 74161 采用同步级联方式构成的 8 位二进制同步加法计数器，模为 $16\times16=256$。

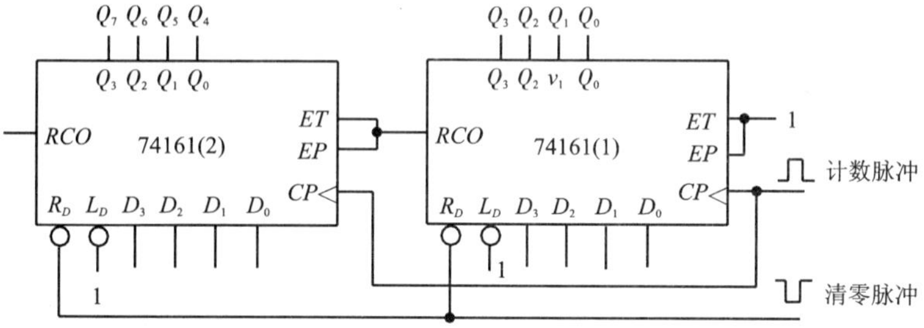

图 9-8　74161 同步级联组成 8 位二进制加法计数器

（2）异步级联。用两片 74191 采用异步级联方式构成的 8 位二进制异步可逆计数器如图 9-9 所示。

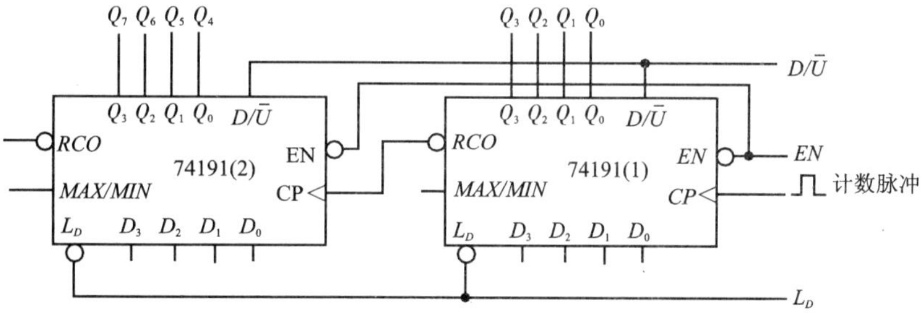

图 9-9　74191 异步级联组成 8 位二进制可逆计数器

有的集成计数器没有进位/借位输出端，这时可根据具体情况，用计数器的输出信号 Q_3、Q_2、Q_1、Q_0 产生一个进位/借位。如用两片二—五—十进制异步加法计数器 74290 采用异步级联方式组成的二位 8421*BCD* 码十进制加法计数器如图 9－10 所示，模为 10×10＝100。

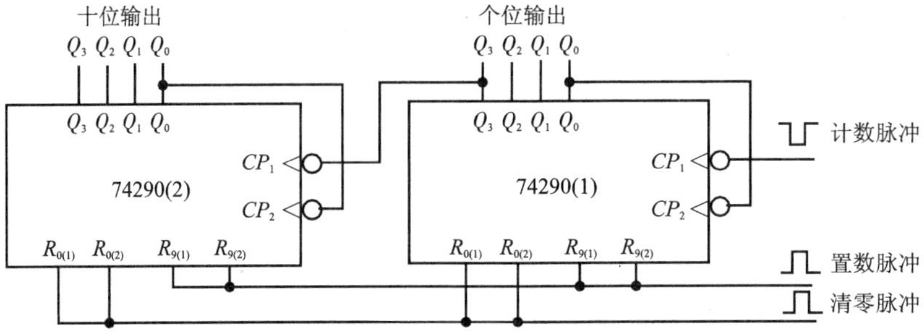

图 9－10　74290 异步级联组成 100 进制计数器

5. 组成任意进制计数器。市场上能买到的集成计数器一般为二进制和 8421BCD 码十进制计数器，如果需要其他进制的计数器，可用现有的二进制或十进制计数器，利用其清零端或预置数端，外加适当的门电路连接而成。

（1）异步清零法。适用于具有异步清零端的集成计数器。图 9－11（a）所示是用集成计数器 74161 和与非门组成的 6 进制计数器。图（b）是其状态转换图。

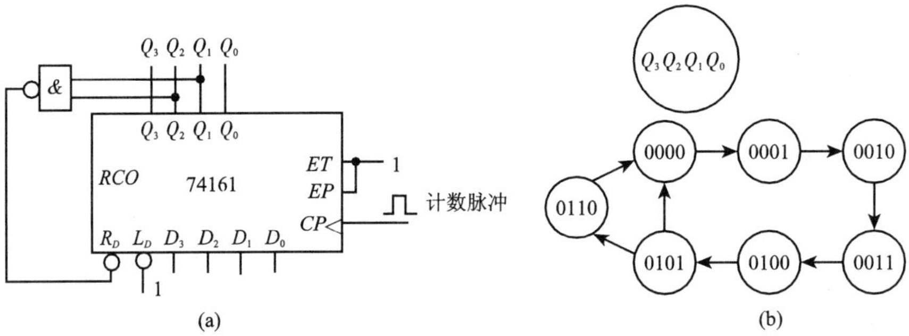

图 9－11　异步清零法组成 6 进制计数器

（2）同步清零法。适用于具有同步清零端的集成计数器。图 9－12（a）所示是用集成计数器 74163 和与非门组成的 6 进制计数器。图（b）是其状态转换图。

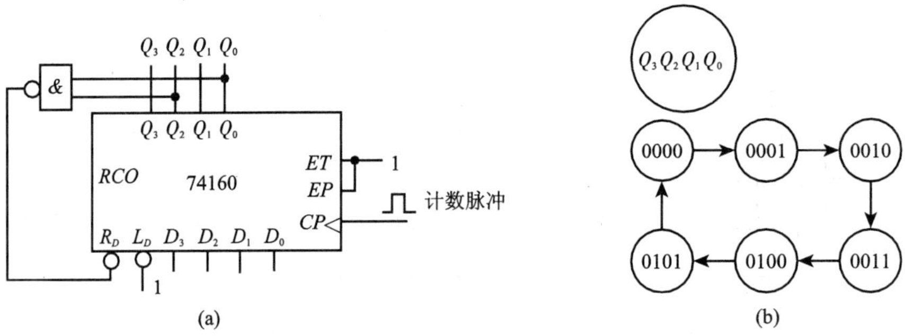

图 9－12　同步清零法组成 6 进制计数器

（3）异步预置数法。适用于具有异步预置端的集成计数器。图 9－13（a）所示是用集成计数器 74191 和与非门组成的 10 进制计数器。该电路的有效状态是 0011～1100，共 10 个状态，可作为余 3 码计数器。图（b）是其状态转换图。

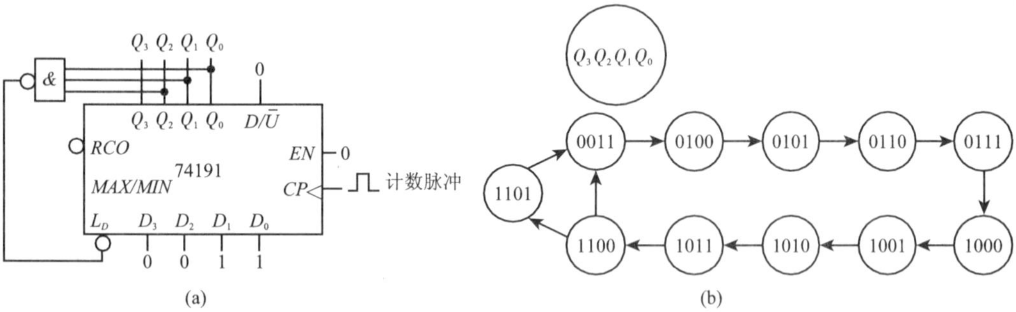

图 9－13　异步置数法组成余 3 码十进制计数器

（4）同步预置数法。适用于具有同步预置端的集成计数器。图 9－14（a）所示是用集成计数器 74160 和与非门组成的 7 进制计数器。图（b）是其状态转换图。

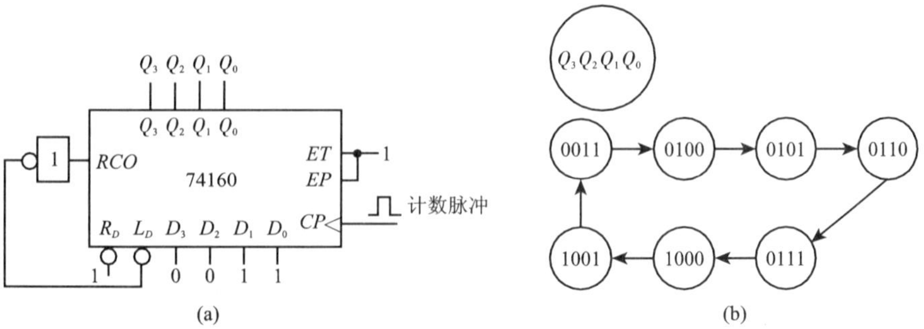

图 9－14　同步预置数法组成的 7 进制计数器

综上所述，改变集成计数器的模可用清零法，也可用预置数法。清零法比较简单，预置数法比较灵活。但不管用那种方法，都应首先搞清所用集成组件的清零端或预置端是异步还是同步工作方式，根据不同的工作方式选择合适的清零信号或预置信号。

四、实验内容及步骤

1. 测试 74160 的逻辑功能，并记录结果于表 9－5。

表 9－5

清零	预置	使能	时钟	预置数据输入	输出
R_D	L_D	EP　ET	CP	D_3　D_2　D_1　D_0	Q_3　Q_2　Q_1　Q_0
0	×	×　×	×	×　×　×　×	

续表

清零	预置	使能	时钟	预置数据输入	输出
1	0	× ×	↑	d_3 d_2 d_1 d_0	
1	1	0 ×	×	× × × ×	
1	1	× 0	×	× × × ×	
1	1	1 1	↑	× × × ×	

2. 测试74191的逻辑功能，并记录结果于表9－6。

表9－6

预置	使能	加/减控制	时钟	预置数据输入	输出
L_D	EN	$D/\bar{U}$	CP	D_3 D_2 D_1 D_0	Q_3 Q_2 Q_1 Q_0
0	×	×	×	d_3 d_2 d_1 d_0	
1	1	×	×	× × × ×	
1	0	0	↑	× × × ×	
1	0	1	↑	× × × ×	

3. 参考图9－15接电路，分析其工作原理，测试其逻辑功能并画出状态转换图。

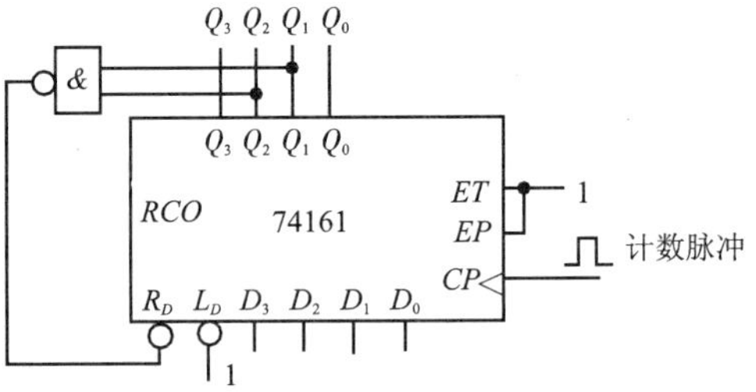

图9－15

4. 参考图9－16接电路，分析其工作原理，测试其逻辑功能并画出状态转换图。

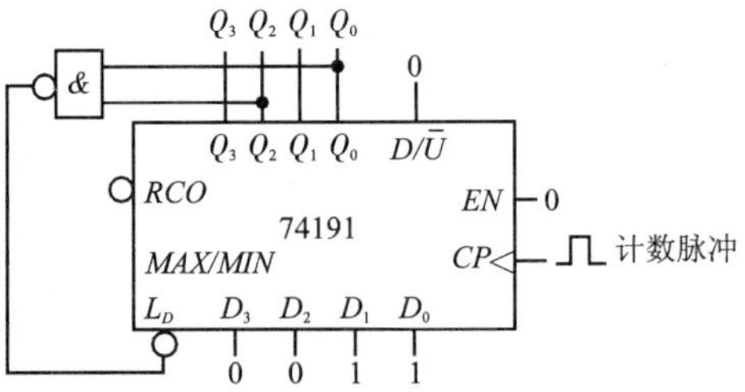

图9－16

5. 用74160组成48进制计数器。因为$N=48$，而74160为模10计数器，所以要用两片74160构成此计数器。先将两芯片采用同步级联方式连接成100进制计数器，然后再借助

74160 异步清零功能，在输入第 48 个计数脉冲后，计数器输出状态为 0100 1000 时，高位片（2）的 Q_2 和低位片（1）的 Q_3 同时为 1，使与非门输出 0，加到两芯片异步清零端上，使计数器立即返回 0000 0000 状态，状态 0100 1000 仅在极短的瞬间出现，为过渡状态，这样，就组成了 48 进制计数器，其逻辑电路如图 9－17 所示。

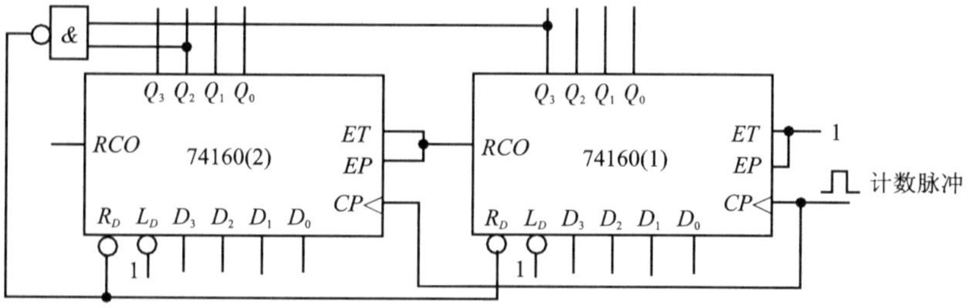

图 9－17　逻辑电路图

参考图 9－16 接电路，分析其工作原理，测试其逻辑功能。

五、思考题

试利用 74161 芯片和逻辑门设计一个 60 进制的计数器。要求分析其工作原理，并画出电路图。

实验十

寄存器功能测试及应用

一、实验目的

1. 熟悉寄存器的电路结构和工作原理。
2. 掌握集成移位寄存器 74194 的逻辑功能和使用方法。

二、实验仪器及器材

1. 数字逻辑电路实验箱。
2. 74LS74 双 D 触发器。
3. 74LS04 六反相器。
4. 74194 四位双向通用移位寄存器。

三、实验原理

移位寄存器是一个具有移位功能的寄存器，是指寄存器中所存的代码能够在移位脉冲的作用下依次左移或右移。既能左移又能右移的称为双向移位寄存器，只需要改变左、右移的控制信号便可实现双向移位要求。根据移位寄存器存取信息的方式不同分为：串入串出、串入并出、并入串出、并入并出四种形式。

1. 数码寄存器。数码寄存器——存储二进制数码的时序电路组件，它具有接收和寄存二进制数码的逻辑功能。前面介绍的各种集成触发器，就是一种可以存储一位二进制数的寄存器，用 n 个触发器就可以存储 n 位二进制数。

图 10－1（a）所示是由 D 触发器组成的 4 位集成寄存器 74LS175 的逻辑电路图，其引脚图如图 10－1（b）所示。其中，R_D 是异步清零控制端。$D_0 \sim D_3$ 是并行数据输入端，CP

为时钟脉冲端，$Q_0 \sim Q_3$ 是并行数据输出端，$\overline{Q_0} \sim \overline{Q_3}$是反码数据输出端。

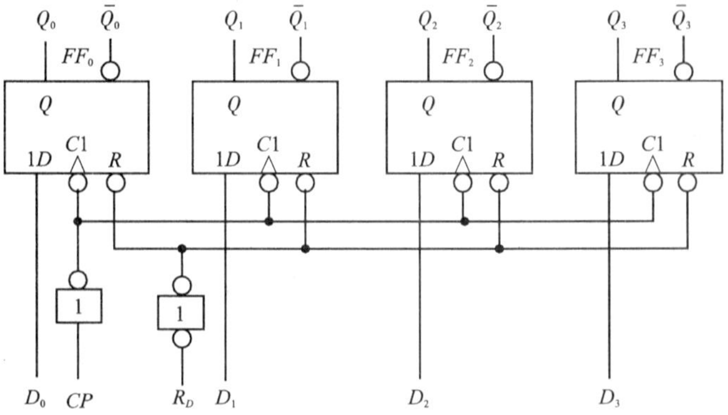

(a)逻辑图

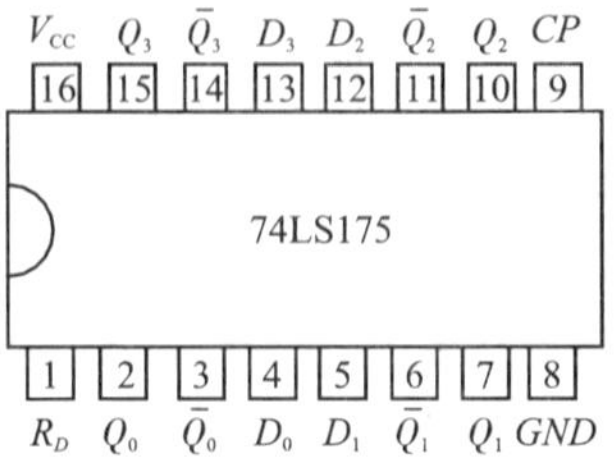

(b)引脚排列

图 10－1　4 位集成寄存器 74LSl75

该电路的数码接收过程为：将需要存储的四位二进制数码送到数据输入端 $D_0 \sim D_3$，在 CP 端送一个时钟脉冲，脉冲上升沿作用后，四位数码并行地出现在四个触发器 Q 端。

74LS175 的功能示于表 10－1 中。

表 10－1　　　　74LS175 的功能表

清零	时钟	输入	输出	工作模式
R_D	CP	D_0　D_1　D_2　D_3	Q_0　Q_1　Q_2　Q_3	
0	×	×　×　×　×	0　0　0　0	异步清零
1	↑	D_0　D_1　D_2　D_3	D_0　D_1　D_2　D_3	数码寄存
1	1	×　×　×　×	保　持	数据保持
1	0	×　×　×　×	保　持	数据保持

2. 移位寄存器。移位寄存器不但可以寄存数码，而且在移位脉冲作用下，寄存器中的数码可根据需要向左或向右移动 1 位。移位寄存器也是数字系统和计算机中应用很广泛的基本逻辑部件。

（1）4 位右移寄存器。D 触发器组成的 4 位右移寄存器如图 10－2 所示。

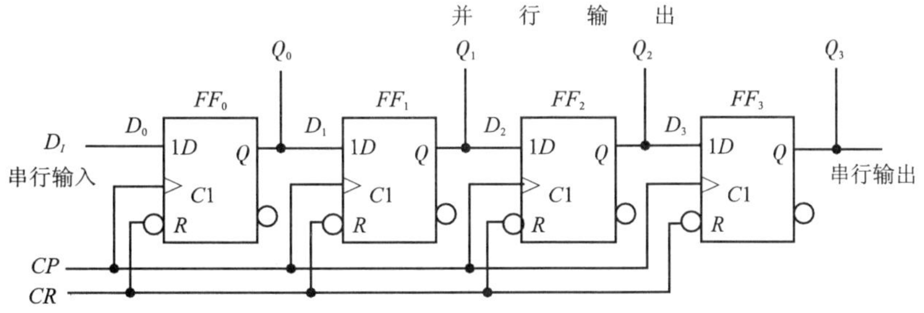

图 10－2　D 触发器组成的 4 位右移寄存器

设移位寄存器的初始状态为0000，串行输入数码 $D_I=1101$，从高位到低位依次输入。在4个移位脉冲作用后，输入的4位串行数码1101全部存入了寄存器中。电路的状态表如表10－2所示，时序图如图10－3所示。

表10－2　　右移寄存器的状态表

移位脉冲	输入数码	输　出
CP	D_I	Q_0　Q_1　Q_2　Q_3
0		0　0　0　0
1	1	1　0　0　0
2	1	1　1　0　0
3	0	0　1　1　0
4	1	1　0　1　1

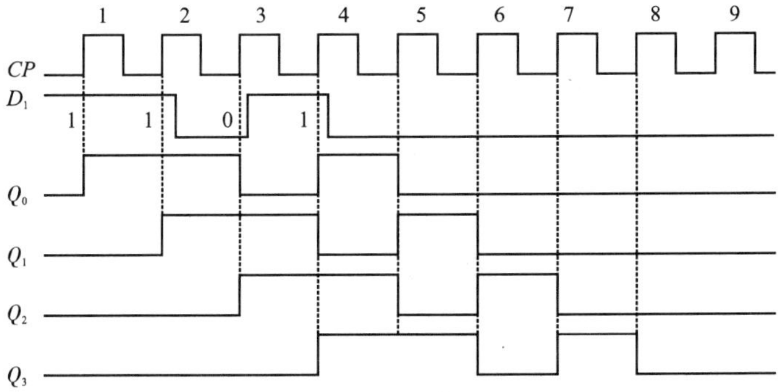

图10－3　时序图

移位寄存器中的数码可由 Q_3、Q_2、Q_1 和 Q_0 并行输出，也可从 Q_3 串行输出。串行输出时，要继续输入4个移位脉冲，才能将寄存器中存放的4位数码1101依次输出。图10－3中第5到第8个 CP 脉冲及所对应的 Q_3、Q_2、Q_1、Q_0 波形，就是将4位数码1101串行输出的过程。所以，移位寄存器具有串行输入—并行输出和串行输入—串行输出两种工作方式。

（2）左移寄存器。4位左移寄存器如图10－4所示，其工作原理与右移寄存器相同。

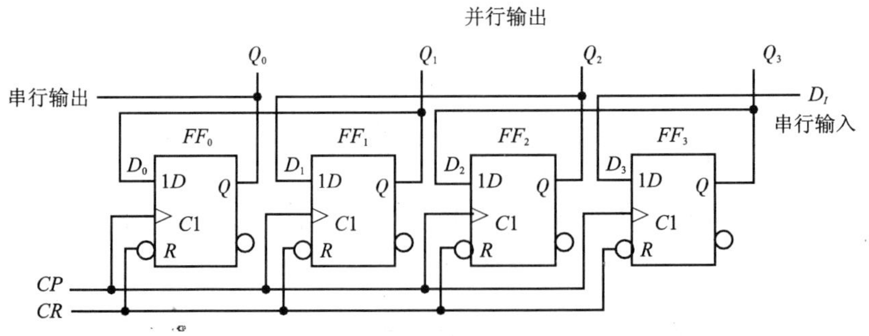

图10－4　D触发器组成的4位左移寄存器

（3）双向移位寄存器。将图 10－3 所示的右移寄存器和图 10－4 所示的左移寄存器组合起来，并引入一控制端 S 便构成既可左移又可右移的双向移位寄存器，如图 10－5 所示。

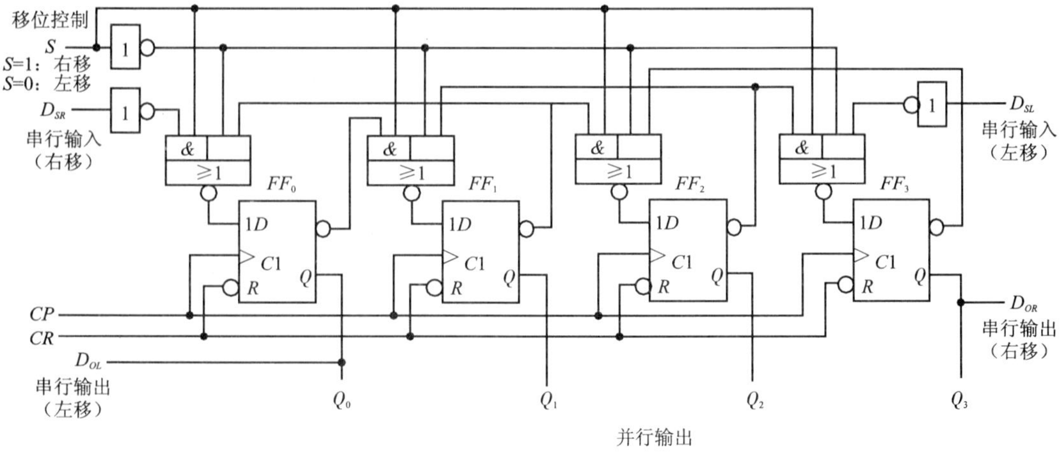

图 10－5　D 触发器组成的 4 位双向左移寄存器

由图 10－5 可知该电路的驱动方程为：

$$D_0=\overline{S\,\overline{D_{SR}}+\overline{S}\,\overline{Q_1}}$$

$$D_1=\overline{S\,\overline{Q_0}+\overline{S}\,\overline{Q_2}}$$

$$D_2=\overline{S\,\overline{Q_1}+\overline{S}\,\overline{Q_3}}$$

$$D_3=\overline{S\,\overline{Q_2}+\overline{S}\,\overline{D_{SL}}}$$

D_{SR}为右移串行输入端，D_{SL}为左移串行输入端。当 $S=1$ 时，$D_0=D_{SR}$、$D_1=Q_0$、$D_2=Q_1$、$D_3=Q_2$，在 CP 脉冲作用下，实现右移操作；当 $S=0$ 时，$D_0=Q_1$、$D_1=Q_2$、$D_2=Q_3$、$D_3=D_{SL}$，在 CP 脉冲作用下，实现左移操作。

3. 集成移位寄存器 74194。74194 是由四个触发器组成的功能很强的四位移位寄存器，图 10－6（a）是集成移位寄存器 74194 的逻辑功能示意图，图（b）是其引脚排列图。

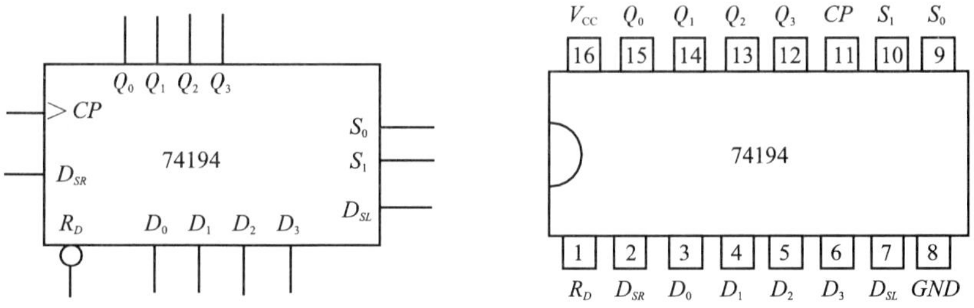

(a)逻辑功能示意图　　(b)引脚图

图 10－6　集成移位寄存器 74194

集成移位寄存器 74194 功能表如表 10－3 所示。

表 10－3　　　　　　　　　　**74194 的功能表**

输入					输出	工作模式
清零	控制	串行输入	时钟	并行输入		
R_D	S_1　S_0	D_{SL}　D_{SR}	CP	D_0　D_1　D_2　D_3	Q_0　Q_1　Q_2　Q_3	
0	×　×	×　×	×	×　×　×　×	0　0　0　0	异步清零
1	0　0	×　×	×	×　×　×　×	Q_0^n　Q_1^n　Q_2^n　Q_3^n	保　持
1	0　1	×　1	↑	×　×　×　×	1　Q_0^n　Q_1^n　Q_2^n	右移，D_{SR} 为串行输入，Q_3 为串行输出
1	0　1	×　0	↑	×　×　×　×	0　Q_0^n　Q_1^n　Q_2^n	
1	1　0	1　×	↑	×　×　×　×	Q_1^n　Q_2^n　Q_3^n　1	左移，D_{SL} 为串行输入，Q_0 为串行输出
1	1　0	0　×	↑	×　×　×　×	Q_1^n　Q_2^n　Q_3^n　0	
1	1　1	×　×	↑	D_0　D_1　D_2　D_3	D_0　D_1　D_2　D_3	并行置数

由表 10－3 可以看出 74194 具有如下功能。

（1）异步清零。当 $R_D=0$ 时即刻清零，与其他输入状态及 CP 无关。

（2）S_1、S_0 是控制输入。当 $R_D=1$ 时 74194 有如下 4 种工作方式：

① 当 $S_1S_0=00$ 时，不论有无 CP 到来，各触发器状态不变，为保持工作状态。

② 当 $S_1S_0=01$ 时，在 CP 的上升沿作用下，实现右移（上移）操作，流向是 $S_R \to Q_0 \to Q_1 \to Q_2 \to Q_3$。

③ 当 $S_1S_0=10$ 时，在 CP 的上升沿作用下，实现左移（下移）操作，流向是 $S_L \to Q_3 \to Q_2 \to Q_1 \to Q_0$。

④ 当 $S_1S_0=11$ 时，在 CP 的上升沿作用下，实现置数操作：$D_0 \to Q_0$，$D_1 \to Q_1$，$D_2 \to Q_2$，$D_3 \to Q_3$。

D_{SL}和 D_{SR}分别是左移和右移串行输入。D_0、D_1、D_2 和 D_3 是并行输入端。Q_0 和 Q_3 分别是左移和右移时的串行输出端，Q_0、Q_1、Q_2 和 Q_3 为并行输出端。

4. 移位寄存器构成的移位型计数器。

（1）环形计数器。图 10－7 是用74194 构成的环形计数器的逻辑图和状态图。当正脉冲启动信号 $START$ 到来时，使 $S_1S_0=11$，从而不论移位寄存器 74194 的原状态如何，在 CP 作用下总是执行置数操作使 $Q_0Q_1Q_2Q_3=1000$。当 $START$ 由 1 变0 之后，$S_1S_0=01$，在 CP 作用下移位寄存器进行右移操作。在第四个 CP 到来之前 $Q_0Q_1Q_2Q_3=0001$。这样在第四个 CP 到来时，由于 $D_{SR}=Q_3=1$，故在此 CP 作用下 $Q_0Q_1Q_2Q_3=1000$。可见该计数器共 4 个状态，为模 4 计数器。

环形计数器的电路十分简单，N 位移位寄存器可以计 N 个数，实现模 N 计数器，且状态为 1 的输出端的序号即代表收到的计数脉冲的个数，通常不需要任何译码电路。

（2）扭环形计数器。为了增加有效计数状态，扩大计数器的模，将上述接成右移寄存器的74194 的末级输出 Q_3 反相后，接到串行输入端 D_{SR}，就构成了扭环形计数器，如图10－8（a)所示，图（b）为其状态图。可见该电路有 8 个计数状态，为模 8 计数器。一般来说，N 位移位寄存器可以组成模 2N 的扭环形计数器，只需将末级输出反相后，接到串行输入端。

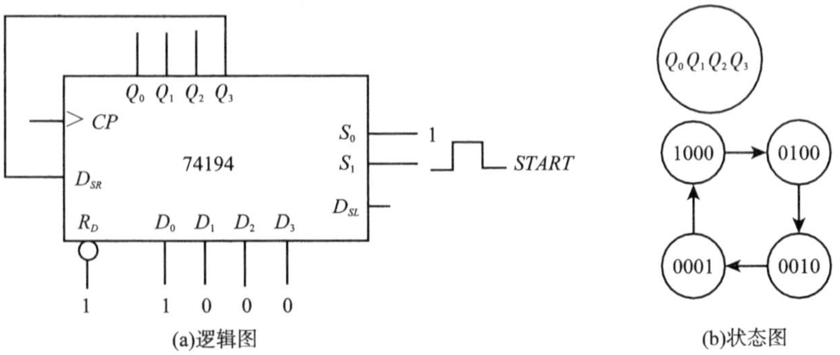

图 10－7　用 74194 构成的环形计数器

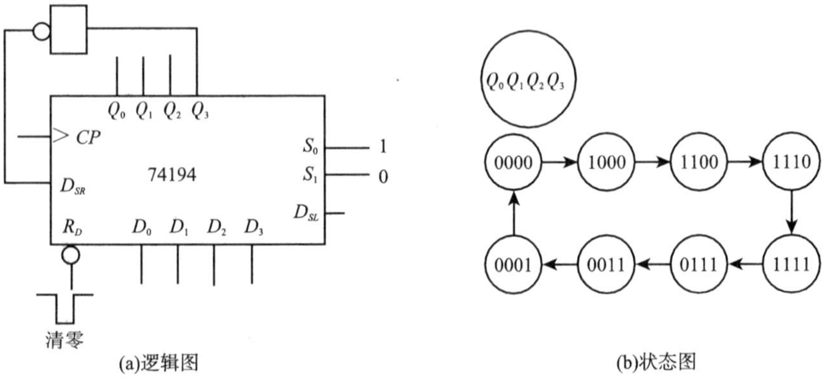

图 10－8　用 74194 构成的扭环形计数器

四、实验内容及步骤

1. 利用两块 74LS74（四个 D 触发器）构成一个单向的移位寄存器。参照图 10－9 搭接电路，观察并记录结果于表 10－4。

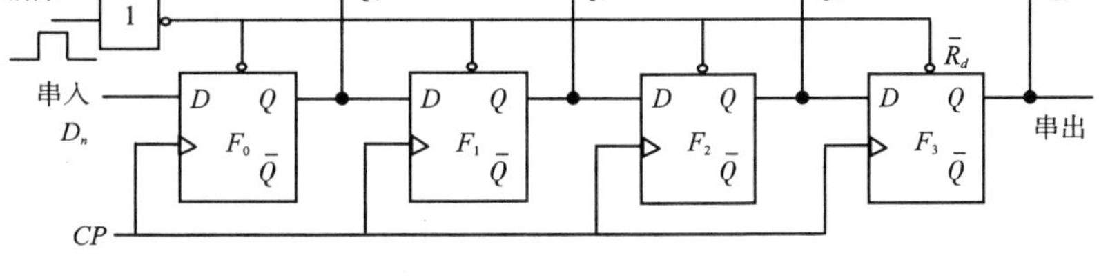

图 10－9　右移移位寄存器

2. 验证 74194 的功能，观察左移、右移功能。按图 10－10 接线，$\overline{C}_R$、S_1、S_0、S_L、S_R、D_0、D_1、D_2、D_3 分别接至逻辑开关的输出插口；Q_0、Q_1、Q_2、Q_3 接至逻辑电平显示输入插口。CP 端接单次脉冲源。按表 10－3 所规定的输入状态，逐项进行测试。

表 10－4

CP	输入数据 D	右移移位寄存器输出			
		Q_3	Q_2	Q_1	Q_0
0	0	0	0	0	0
1	1				
2	0				
3	1				
4	1				

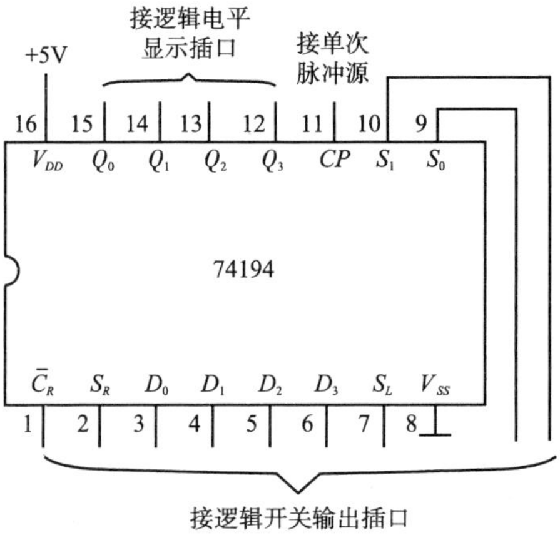

图 10－10　74194 逻辑功能测试

3. 用 74194 组成七位串行输入转换为并行输出电路。按图 10－11 接线，进行右移串入、并出实验，串入数码自定；改接线路用左移方式实现并行输出。

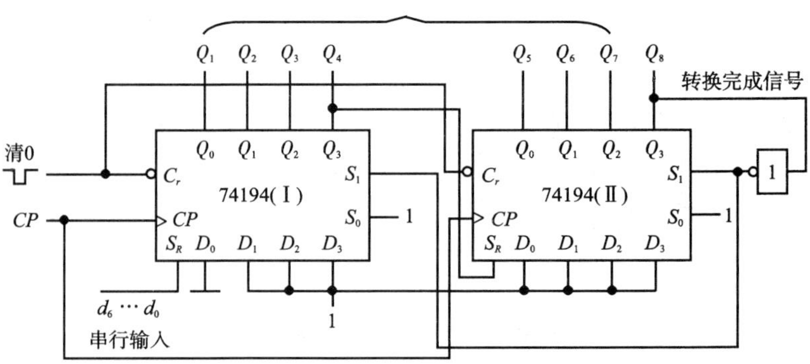

图 10－11　串并转换电路

转换前，$\overline{C}_R$ 端加低电平，使 1、2 两片寄存器的内容清 0，此时 $S_1S_0=11$，寄存器执行并行输入工作方式。当第一个 CP 脉冲到来后，寄存器的输出状态 $Q_0 \sim Q_7$ 为 01111111，与此同时 S_1S_0 变为 01，转换电路变为执行串入右移工作方式，串行输入数据由 1 片的 S_R 端加入。随着 CP 脉冲的依次加入，输出状态的变化可列在表 10－5 中。

由表 10－5 可见，右移操作七次之后，Q_7 变为 0，S_1S_0 又变为 11，说明串行输入结束。这时，串行输入的数码已经转换成了并行输出了。当再来一个 CP 脉冲时，电路又重新执行一次并行输入，为第二组串行数码转换做好了准备。

表 10－5

CP	Q_0	Q_1	Q_2	Q_3	Q_4	Q_5	Q_6	Q_7	说明
0	0	0	0	0	0	0	0	0	清零
1	0	1	1	1	1	1	1	1	送数
2	d_0	0	1	1	1	1	1	1	右移操作七次
3	d_1	d_0	0	1	1	1	1	1	
4	d_2	d_1	d_0	0	1	1	1	1	
5	d_3	d_2	d_1	d_0	0	1	1	1	
6	d_4	d_3	d_2	d_1	d_0	0	1	1	
7	d_5	d_4	d_3	d_2	. d_1	d_0	0	1	
8	d_6	d_5	d_4	d_3	d_2	d_1	d_0	0	
9	0	1	1	1	1	1	1	1	送数

五、思考题

在图 10－11 中，若串行输入数码 $d_6d_5d_4d_3d_2d_1d_0=1010011$，经过四个 CP 脉冲后，并行输出端的状态如何？试画出移位时序图。

实验十一

555 定时器的应用

一、实验目的

1. 熟悉 555 定时器的工作原理。
2. 熟悉 555 定时器的典型应用。

二、实验仪器及器材

1. 555 定时器、电阻、电容、三极管、二极管。
2. 双踪示波器。
3. 数字万用表。

三、实验原理

555 定时器是一种数字、模拟混合型的多用途的单片中规模集成电路。该电路使用灵活、方便，只需外接少量的阻容元件就可以构成单稳、多谐和施密特触发器。因而在波形的产生与变换、测量与控制、家用电器和电子玩具等许多领域中都得到了广泛的应用。

555 定时器是一种产生时间延迟和多种脉冲信号的电路，由于内部电压标准使用了三个 5K 电阻，故取名 555 电路。其电路类型有双极型和 CMOS 型两大类，二者的结构与工作原理类似。一般双极型定时器具有较大的驱动能力，而 CMOS 定时电路具有低功耗、输入阻抗高等优点。555 定时器工作的电源电压很宽，并可承受较大的负载电流。双极型定时器电源电压范围为 5V ~ 16V，最大负载电流可达 200mA；CMOS 定时器电源电压变化范围为 3V ~ 18V，最大负载电流在 4mA 以下。

1. 555 电路的工作原理。555 电路的内部电路方框图如图 11 －1 所示。它含有两个电压比较器，一个基本 RS 触发器，一个放电开关管 T，比较器的参考电压由三只 5kΩ 的电阻器构成的分压器提供。

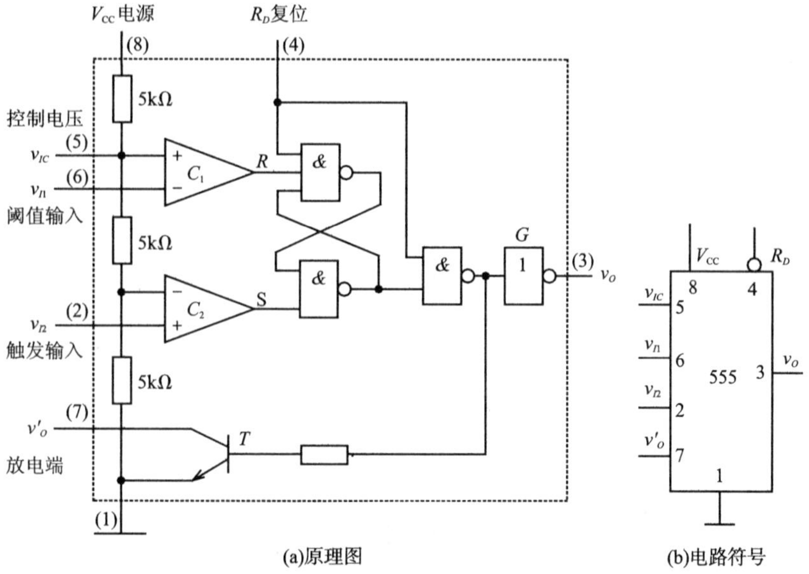

图 11－1　555 定时器的电气原理图和电路符号

当 5 脚悬空时，比较器 C_1 和 C_2 的比较电压分别为$\frac{2}{3}V_{CC}$和$\frac{1}{3}V_{CC}$。

（1）当 $v_{I1}>\frac{2}{3}V_{CC}$，$v_{I2}>\frac{1}{3}V_{CC}$时，比较器 C_1 输出低电平，C_2 输出高电平，基本 RS 触发器被置 0，放电三极管 T 导通，输出端 v_O 为低电平。

（2）当 $v_{I1}<\frac{2}{3}V_{CC}$，$v_{I2}<\frac{1}{3}V_{CC}$时，比较器 C_1 输出高电平，C_2 输出低电平，基本 RS 触发器被置 1，放电三极管 T 截止，输出端 v_O 为高电平。

（3）当 $v_{I1}<\frac{2}{3}V_{CC}$，$v_{I2}>\frac{1}{3}V_{CC}$时，比较器 C_1 输出高电平，C_2 也输出高电平，即基本 RS 触发器 R＝1，S＝1，触发器状态不变，电路亦保持原状态不变。

由于阈值输入端（v_{I1}）为高电平（$>2/3\cdot V_{CC}$）时，定时器输出低电平，因此也将该端称为高触发端（TH）。因为触发输入端（v_{I2}）为低电平（$<1/3\cdot V_{CC}$）时，定时器输出高电平，因此也将该端称为低触发端（TL）。

如果在电压控制端（5 脚）施加一个外加电压（其值在 0～V_{CC}），比较器的参考电压将发生变化，电路相应的阈值、触发电平也将随之变化，并进而影响电路的工作状态。

另外，R_D 为复位输入端，当 R_D 为低电平时，不管其他输入端的状态如何，输出 v_O 为低电平，即 R_D 的控制级别最高。正常工作时，一般应将其接高电平。

555 定时器的功能表如表 11－1 所示。

2. 用 555 定时器构成简易温控报警器。图 11－2 是利用 555 构成的可控音频振荡电路，用扬声器发声报警，可用于火警或热水温度报警，电路简单、调试方便。

表 11－1　　　　　　　　　　　555 定时器功能表

阈值输入（v_{I1}）	触发输入（v_{I2}）	复位（R_D）	输出（v_O）	放电管 T
×	×	0	0	导通
$<\frac{2}{3}V_{CC}$	$<\frac{1}{3}V_{CC}$	1	1	截止
$>\frac{2}{3}V_{CC}$	$>\frac{1}{3}V_{CC}$	1	0	导通
$<\frac{2}{3}V_{CC}$	$>\frac{1}{3}V_{CC}$	1	不变	不变

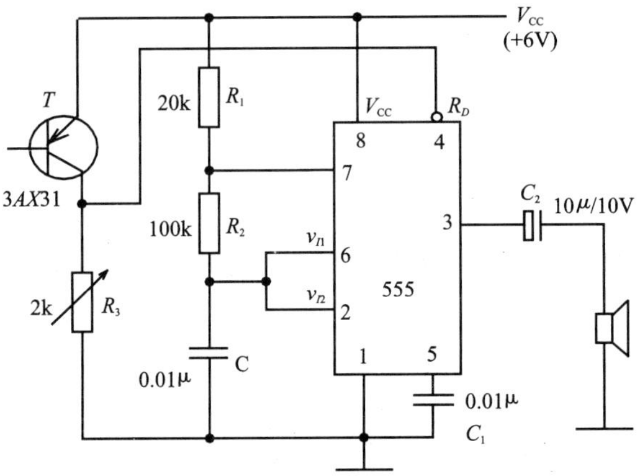

图 11－2　简易温控报警电路

图中晶体管 T 可选用锗管 3AX31、3AX81 或 3AG 类，也可选用 3DU 型光敏管。3AX31 等锗管在常温下，集电极和发射极之间的穿透电流 I_{CEO} 一般在 10～50μA，且随温度升高而增大较快。当温度低于设定温度值时，晶体管 T 的穿透电流 I_{CEO} 较小，555 复位端 R_D（4 脚）的电压较低，电路工作在复位状态，多谐振荡器停振，扬声器不发声。当温度升高到设定温度值时，晶体管 T 的穿透电流 I_{CEO} 较大，555 复位端 R_D 的电压升高到解除复位状态之电位，多谐振荡器开始振荡，扬声器发出报警声。

需要指出的是，不同的晶体管，其 I_{CEO} 值相差较大，故需改变 R_1 的阻值来调节控温点。方法是先把测温元件 T 置于要求报警的温度下，调节 R_1 使电路刚发出报警声。报警的音调取决于多谐振荡器的振荡频率，由元件 R_2、R_3 和 C_1 决定，改变这些元件值，可改变音调，但要求 R_2 大于 1kΩ。

3. 用 555 定时器构成施密特触发器。由 555 定时器构成的施密特触发器如图 11－3 所示。

工作原理：

（1）当 v_I＝0V 时，v_{o1} 输出高电平。

（2）当 v_I 上升到 $\frac{2}{3}V_{CC}$ 时，v_{o1} 输出低电平。当 v_I 由 $\frac{2}{3}V_{CC}$ 继续上升，v_{o1} 保持不变。

（3）当 v_I 下降到 $\frac{1}{3}V_{CC}$ 时，电路输出跳变为高电平。而且在 v_I 继续下降到 0V 时，电路的这种状态不变。

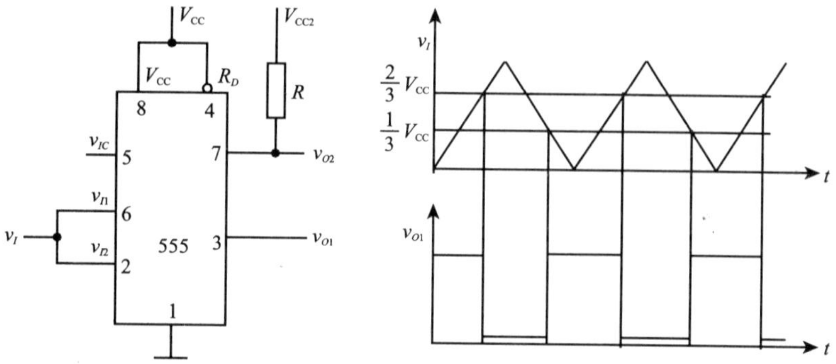

(a)电路图　　(b)波形图

图 11 -3　555 定时器构成的施密特触发器

图 11 -3 中，R、V_{CC2} 构成另一输出端 v_{o2}，其高电平可以通过改变 V_{CC2} 进行调节。施密特触发器的电压滞回特性如图 11 -4 所示。

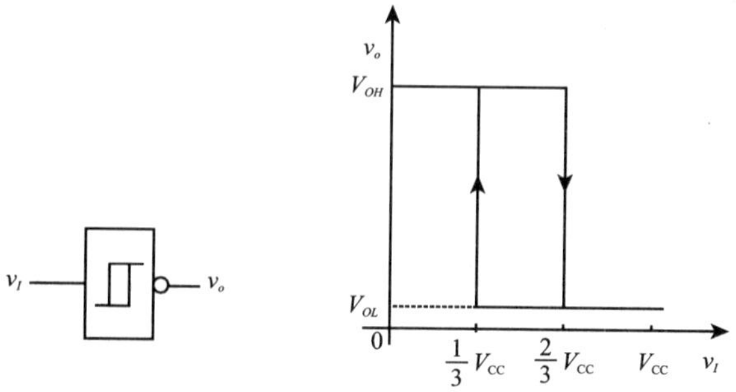

(a)电路符号　　(b)电压传输特性

图 11 -4　施密特触发器的电路符号和电压传输特性

主要静态参数：

（1）上限阈值电压 V_{T+}——v_I 上升过程中，输出电压 v_O 由高电平 V_{OH} 跳变到低电平 V_{OL} 时，所对应的输入电压值。$V_{T+}=\frac{2}{3}V_{CC}$。

（2）下限阈值电压 V_T——v_I 下降过程中，v_O 由低电平 V_{OL} 跳变到高电平 V_{OH} 时，所对应的输入电压值。$V_{T-}=\frac{1}{3}V_{CC}$。

（3）回差电压 ΔV_T。回差电压又叫滞回电压，定义为：

$$\Delta V_T = V_{T+} - V_{T-} = \frac{1}{3}V_{CC}$$

若在电压控制端 V_{IC}（5 脚）外加电压 V_S，则将有 $V_{T+}=V_S$、$V_{T-}=V_S/2$、$\Delta V_T=V_S/2$，而且当改变 V_S 时，它们的值也随之改变。

4. 用 555 定时器构成单稳态触发器。单稳态触发器具有下列特点：第一，它有一个稳定状态和一个暂稳状态；第二，在外来触发脉冲作用下，能够由稳定状态翻转到暂稳状态；

第三，暂稳状态维持一段时间后，将自动返回到稳定状态。暂稳态时间的长短，与触发脉冲无关，仅决定于电路本身的参数。

单稳态触发器在数字系统中，一般用于定时（产生一定宽度的脉冲）、整形（把不规则的波形转换成等宽、等幅的脉冲）以及延时（将输入信号延迟一定的时间之后输出）等。

555 定时器构成单稳态触发器如图 11－5 所示。

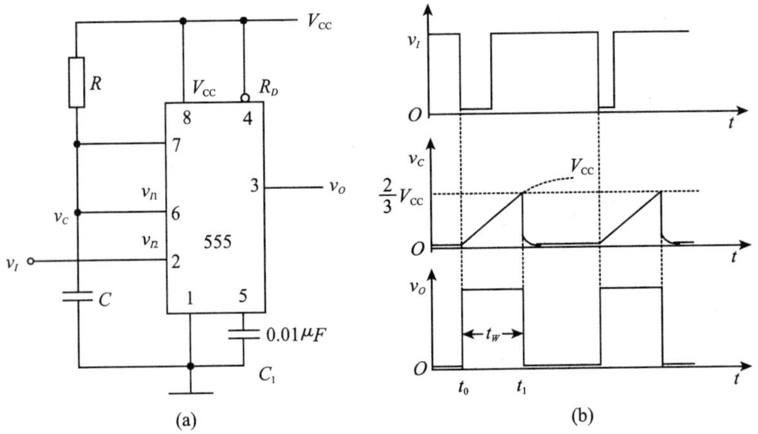

图 11－5　用 555 定时器构成的单稳态触发器及工作波形

工作原理：

（1）无触发信号输入时电路工作在稳定状态。当电路无触发信号时，v_I 保持高电平，电路工作在稳定状态，即输出端 v_O 保持低电平，555 内放电三极管 T 饱和导通，管脚 7 “接地”，电容电压 v_C 为 0V。

（2）v_I 下降沿触发。当 v_I 下降沿到达时，555 触发输入端（2 脚）由高电平跳变为低电平，电路被触发，v_O 由低电平跳变为高电平，电路由稳态转入暂稳态。

（3）暂稳态的维持时间。在暂稳态期间，555 内放电三极管 T 截止，V_{CC}经 R 向 C 充电。其充电回路为 $V_{CC}\to R\to C\to$地，时间常数 $\tau_1=RC$，电容电压 v_C 由 0V 开始增大，在电容电压 v_C 上升到阈值电压$\frac{2}{3}V_{CC}$之前，电路将保持暂稳态不变。

（4）自动返回（暂稳态结束）时间。当 v_C 上升至阈值电压$\frac{2}{3}V_{CC}$时，输出电压 v_O 由高电平跳变为低电平，555 内放电三极管 T 由截止转为饱和导通，管脚 7 “接地”，电容 C 经放电三极管对地迅速放电，电压 v_C 由$\frac{2}{3}V_{CC}$迅速降至 0V（放电三极管的饱和压降），电路由暂稳态重新转入稳态。

（5）恢复过程。当暂稳态结束后，电容 C 通过饱和导通的三极管 T 放电，时间常数 $\tau_2=R_{CES}C$，式中 R_{CES}是 T 的饱和导通电阻，其阻值非常小，因此 τ_2 之值亦非常小。经过（3～5）τ_2 后，电容 C 放电完毕，恢复过程结束。

恢复过程结束后，电路返回到稳定状态，单稳态触发器又可以接收新的触发信号。

主要参数估算：

① 输出脉冲宽度 t_W。输出脉冲宽度就是暂稳态维持时间，也就是定时电容的充电时间。由图 11－5（b）所示电容电压 v_C 的工作波形不难看出：$v_C(0^+)\approx 0V$，$v_C(\infty)=V_{CC}$，$v_C(t_W)=\frac{2}{3}V_{CC}$，代入 RC 过渡过程计算公式，可得：

$$\begin{aligned}t_W&=\tau_1\ln\frac{v_C(\infty)-v_C(0^+)}{v_C(\infty)-v_C(t_W)}\\&=\tau_1\ln\frac{V_{CC}-0}{V_{CC}-\frac{2}{3}V_{CC}}\\&=\tau_1\ln 3\\&=1.1RC\end{aligned}$$

上式说明，单稳态触发器输出脉冲宽度 t_W 仅决定于定时元件 R、C 的取值，与输入触发信号和电源电压无关，调节 R、C 的取值，即可方便的调节 t_W。

② 恢复时间 t_{re}。一般取 $t_{re}=(3\sim5)\tau_2$，即认为经过 3～5 倍的时间常数电容就放电完毕。

③ 最高工作频率 f_{max}。若输入触发信号 v_I 是周期为 T 的连续脉冲时，为保证单稳态触发器能够正常工作，应满足下列条件：

$$T>t_W+t_{re}$$

即 v_I 周期的最小值 T_{min} 应为 t_W+t_{re}，即

$$T_{min}=t_W+t_{re}$$

因此，单稳态触发器的最高工作频率应为

$$f_{max}=\frac{1}{T_{min}}=\frac{1}{t_W+t_{re}}$$

需要指出的是，在图 11－5 所示电路中，输入触发信号 v_I 的脉冲宽度（低电平的保持时间），必须小于电路输出 v_O 的脉冲宽度（暂稳态维持时间 t_W），否则电路将不能正常工作。因为当单稳态触发器被触发翻转到暂稳态后，如果 v_I 端的低电平一直保持不变，那么 555 定时器的输出端将一直保持高电平不变。解决这一问题的一个简单方法，就是在电路的输入端加一个 RC 微分电路，即当 v_I 为宽脉冲时，让 v_I 经 RC 微分电路之后再接到 v_{I2} 端。不过微分电路的电阻应接到 V_{CC}，以保证在 v_I 下降沿未到来时，v_{I2} 端为高电平。

四、实验内容及步骤

1. 测试 555 定时器的功能，并将结果填入表 11－2 中。

表 11－2

阈值输入（v_{I1}）	触发输入（v_{I2}）	复位（R_D）	输出（v_O）
×	×	0	
$<\frac{2}{3}V_{CC}$	$<\frac{1}{3}V_{CC}$	1	
$>\frac{2}{3}V_{CC}$	$>\frac{1}{3}V_{CC}$	1	
$<\frac{2}{3}V_{CC}$	$>\frac{1}{3}V_{CC}$	1	

2. 按图 11－6 模拟声响电路接线，调节定时元件，使 Ⅰ 输出较低频率，Ⅱ 输出较高频率，连好线，接通电源，试听音响效果。调换外接阻容元件，再试听音响效果。

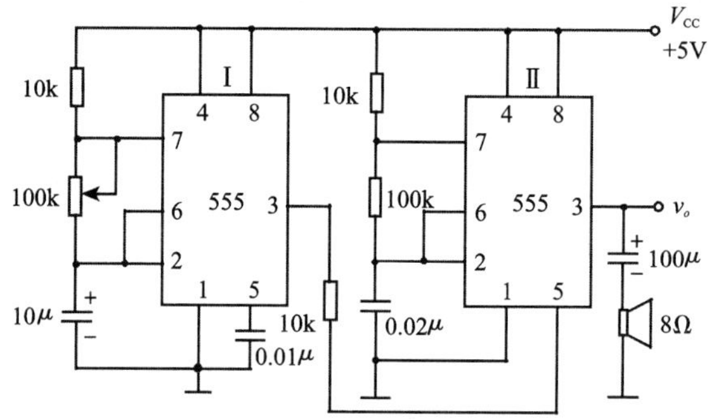

图 11－6　模拟声响电路

3. 图 11－7 是用 555 定时器构成触摸定时控制开关，只要用手触摸一下金属片 P，由于人体感应电压的作用，就会使灯泡（R_L）发光，当暂稳态时间结束时，灯泡熄灭。定时时间可由 RC 参数调节。

按图 11－7 电路接线，调节定时元件，连好线，接通电源，测试电路的效果。

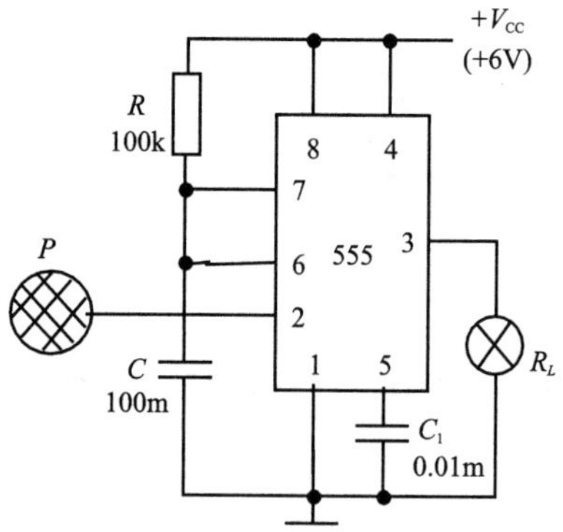

图 11－7　触摸式定时控制开关电路

4. 按图 11 -5 电路接线，加入输入信号，用示波器观测 v_C 和 v_O 的波形。

五、思考题

如图 11 -8 所示，试分析其工作原理，并求出 v_C 与振荡频率的关系式。

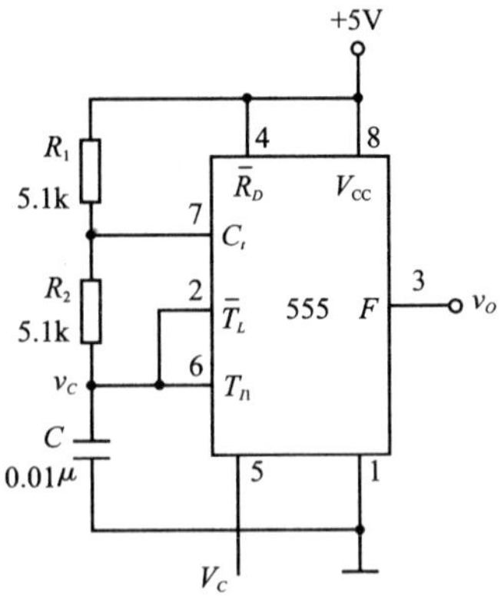

图 11 -8

实验十二

多谐振荡器

一、实验目的

1. 掌握使用门电路、石英晶体构成多谐振荡器的方法。
2. 学习用555定时器构成多谐振荡器电路的基本方法。

二、实验仪器及器材

1. 555定时器。
2. 双踪示波器。
3. 数字频率计。
4. 74LS00（或CC4011）。
5. 晶振32768Hz，电位器、电阻、电容若干。

三、实验原理

多谐振荡器一旦起振之后，电路没有稳态，只有两个暂稳态，它们做交替变化，输出连续的矩形脉冲信号，因此它又称作无稳态电路，常用来做脉冲信号源。

1. 用门电路、石英晶体构成的多谐振荡器。与非门作为一个开关倒相器件，可用以构成各种脉冲波形的产生电路。电路的基本工作原理是利用电容器的充放电，当输入电压达到与非门的阈值电压 V_T 时，门的输出状态即发生变化。因此，电路输出的脉冲波形参数直接取决于电路中阻容元件的数值。

当要求多谐振荡器的工作频率稳定性很高时，门电路构成的多谐振荡器的精度已不能满足要求。为此常用石英晶体作为信号频率的基准。用石英晶体与门电路构成的多谐振荡器常用来为微型计算机等提供时钟信号。

图 12－1 所示为常用的晶体稳频多谐振荡器。（a）、（b）为 TTL 器件组成的晶体振荡电路；（c）、（d）为 CMOS 器件组成的晶体振荡电路，一般用于电子表中，其中晶体的 $f_0=32768\text{Hz}$。

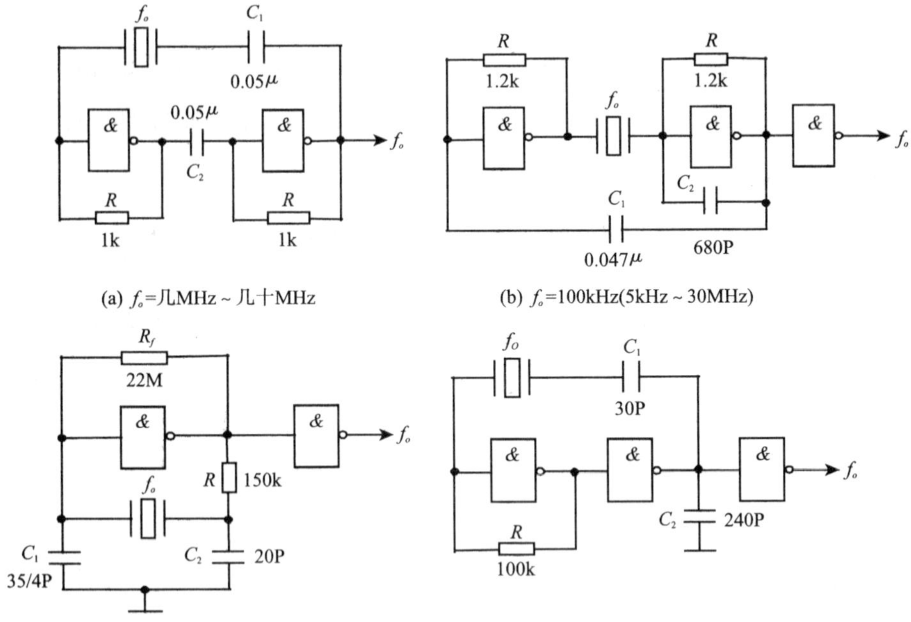

(a) f_o=几MHz～几十MHz　(b) f_o=100kHz(5kHz～30MHz)

(c) f_o=32 768Hz=2^{15}Hz　(d) f_o=32 768Hz

图 12－1　常用的晶体振荡电路

图 12－1（c）中，门 1 用于振荡，门 2 用于缓冲整形。R_f 是反馈电阻，通常在几十兆欧之间选取，一般选 22MΩ。R 起稳定振荡作用，通常取十至几百千欧。C_1 是频率微调电容器，C_2 用于温度特性校正。

2. 用 555 定时器构成的多谐振荡器。555 定时器构成的多谐振荡器如图 12－2 所示。

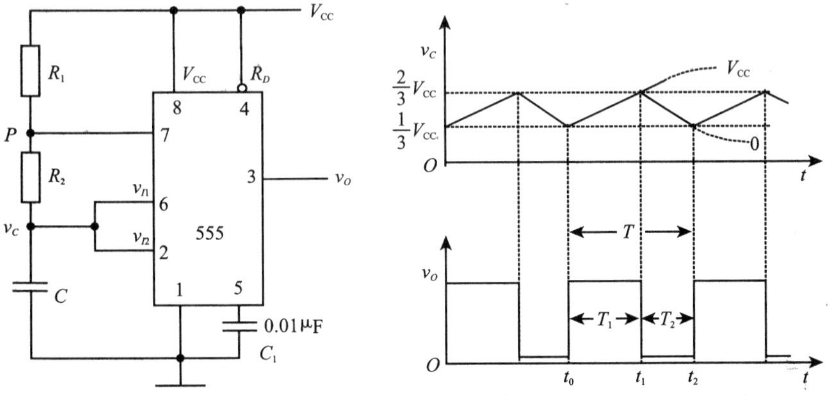

(a)　(b)

图 12－2　用 555 定时器构成的多谐振荡器

接通电源后，电容 C 被充电，v_c 上升，当 v_c 上升到$\frac{2}{3}V_{CC}$时，触发器被复位，同时放电三极管 T 导通，此时 v_O 为低电平，电容 C 通过 R_2 和 T 放电，使 v_c 下降。当 v_c 下降到$\frac{1}{3}V_{CC}$时，触发器又被置位，v_O 翻转为高电平。

当电容 C 放电结束时，三极管 T 截止，V_{CC}将通过 R_1、R_2 向电容器 C 充电。当 v_c 上升到$\frac{2}{3}V_{CC}$时，触发器又发生翻转，如此周而复始，在输出端就得到一个周期性的方波。

振荡频率的估算：

① 电容充电时间 T_1。电容充电时，时间常数 $\tau_1=(R_1+R_2)C$，起始值 $v_C(0^+)=\frac{1}{3}V_{CC}$，终了值 $v_C(\infty)=V_{CC}$，转换值 $v_C(T_1)=\frac{2}{3}V_{CC}$，带入 RC 过渡过程计算公式进行计算：

$$
\begin{aligned}
T_1 &= \tau_1 \ln\frac{v_C(\infty)-v_C(0^+)}{v_C(\infty)-v_C(T_1)} \\
&= \tau_1 \ln\frac{V_{CC}-\frac{1}{3}V_{CC}}{V_{CC}-\frac{2}{3}V_{CC}} \\
&= \tau_1 \ln 2 = 0.7(R_1+R_2)C
\end{aligned}
$$

② 电容放电时间 T_2。

电容放电时，时间常数 $\tau_2=R_2C$，起始值 $v_C(0^+)=\frac{2}{3}V_{CC}$，终了值 $v_C(\infty)=0$，转换值 $v_C(T_2)=\frac{1}{3}V_{CC}$，带入 RC 过渡过程计算公式进行计算：

$$T_2=0.7R_2C$$

③ 电路振荡周期 T：

$$T=T_1+T_2=0.7(R_1+2R_2)C$$

④ 电路振荡频率 f：

$$f=\frac{1}{T}\approx\frac{1.43}{(R_1+2R_2)C}$$

⑤ 输出波形占空比 q：

定义：$q=T_1/T$，即脉冲宽度与脉冲周期之比，称为占空比。

$$q=\frac{T_1}{T}=\frac{0.7(R_1+R_2)C}{0.7(R_1+2R_2)C}=\frac{R_1+R_2}{R_1+2R_2}$$

在图 12－2 所示的电路中，由于电容 C 的充电时间常数 $\tau_1=(R_1+R_2)C$，放电时间常数 $\tau_2=R_2C$，所以 T_1 总是大于 T_2，v_O 的波形不仅不可能对称，而且占空比 q 不易调节。利用半导体二极管的单向导电特性，把电容 C 充电和放电回路隔离开来，再加上一个电位器，便可构成如图 12－3 所示的占空比可调的多谐振荡器。

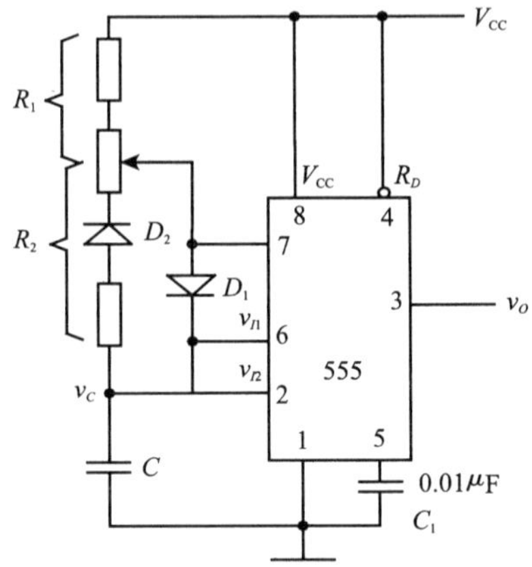

图 12－3　占空比可调的多谐振荡器

由于二极管的引导作用，电容 C 的充电时间常数 $\tau_1 = R_1C$，放电时间常数 $\tau_2 = R_2C$。通过与上面相同的分析计算过程可得：

$T_1 = 0.7R_1C$

$T_2 = 0.7R_2C$

占空比：$q = \dfrac{T_1}{T} = \dfrac{T_1}{T_1 + T_2} = \dfrac{0.7R_1C}{0.7R_1C + 0.7R_2C} = \dfrac{R_1}{R_1 + R_2}$

只要改变电位器滑动端的位置，就可以方便地调节占空比 q，当 $R_1 = R_2$ 时，$q = 0.5$，v_O 就成为对称的矩形波。

四、实验内容及步骤

1. 按图 12－1（c）接线，晶振选用电子表晶振 32768Hz，与非门选用 CC4011，用示波器观察输出波形，用频率计测量输出信号频率，记录之。

2. 按图 12－3 接线，调整 R_1 和 R_2，用示波器观察输出波形的变化。

五、思考题

图 12－4 是用 555 定时器构成的多谐振荡器组成的电子双音门铃电路。试分析其工作原理，并按图接线，测试电路的功能。

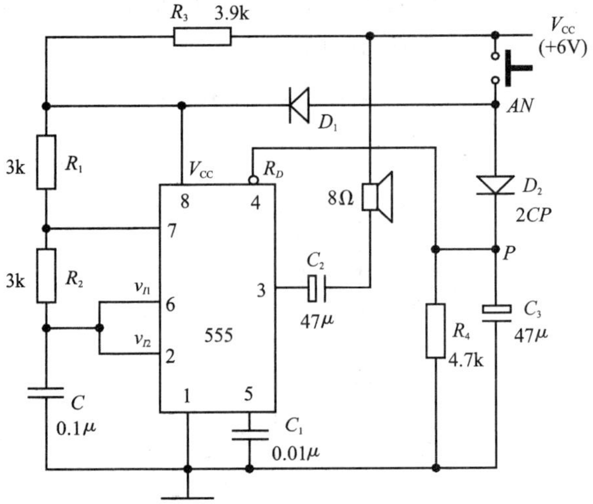

图 12-4　用 555 定时器构成的双音门铃电路

实验十三

数模转换器测试

一、实验目的

1. 熟悉 D/A 转换器的工作原理。
2. 熟悉 D/A 转换器集成芯片 DAC0832 的性能，学习其使用方法。

二、实验仪器及器材

1. 数字电路实验箱。
2. 数字万用表。
3. 集成电路 DAC0832、μA741。
4. 电位器 10kΩ、1kΩ。

三、实验原理

数字量转换成模拟量，称为数/模转换器（D/A 转换器，简称 DAC）。数字量是用代码按数位组合起来表示的，对于有权码，每位代码都有一定的权。为了将数字量转换成模拟量，必须将每 1 位的代码按其权的大小转换成相应的模拟量，然后将这些模拟量相加，即可得到与数字量成正比的总模拟量，从而实现了数字—模拟转换。这就是构成 D/A 转换器的基本思路。

图 13－1 所示是 D/A 转换器的输入、输出关系框图，$D_0 \sim D_{n-1}$是输入的 n 位二进制数，v_o 是与输入二进制数成比例的输出电压。

图 13－2 所示是一个输入为 3 位二进制数时 D/A 转换器的转换特性，它具体而形象地反映了 D/A 转换器的基本功能。

1. 倒 T 形电阻网络 D/A 转换器。在单片集成 D/A 转换器中，使用最多的是倒 T 形电阻网络 D/A 转换器。

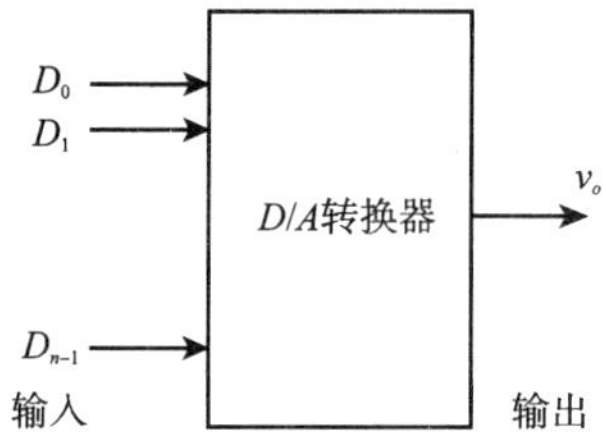

图 13－1　D/A 转换器的输入、输出关系框图

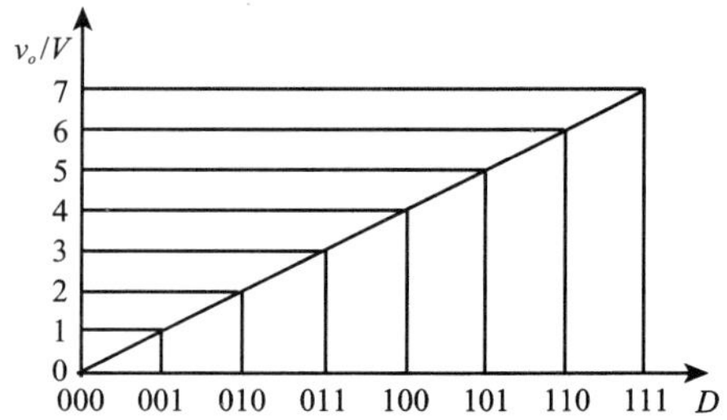

图 13－2　3 位 D/A 转换器的转换特性

四位倒 T 形电阻网络 D/A 转换器的原理图如图 13－3 所示。

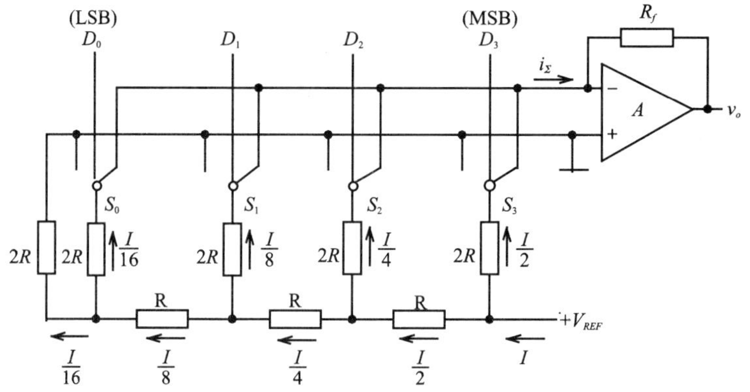

图 13－3　倒 T 形电阻网络 D/A 转换器

$S_0 \sim S_3$ 为模拟开关，R—$2R$ 电阻解码网络呈倒 T 形，运算放大器 A 构成求和电路。S_i 由输入数码 D_i 控制，当 $D_i=1$ 时，S_i 接运放反相输入端（“虚地”），I_i 流入求和电路；当 $D_i=0$ 时，S_i 将电阻 $2R$ 接地。

无论模拟开关 S_i 处于何种位置，与 S_i 相连的 $2R$ 电阻均等效接“地”（地或虚地）。这样流经 $2R$ 电阻的电流与开关位置无关，为确定值。

分析 R—$2R$ 电阻解码网络不难发现，从每个接点向左看的两端网络等效电阻均为 R，流入每个 $2R$ 电阻的电流从高位到低位按 2 的整倍数递减。设由基准电压源提供的总电流为 I（$I=V_{REF}/R$），则流过各开关支路（从右到左）的电流分别为 $I/2$、$I/4$、$I/8$ 和 $I/16$。

于是可得总电流：

$$i_\Sigma = \frac{V_{REF}}{R}\left(\frac{D_0}{2^4}+\frac{D_1}{2^3}+\frac{D_2}{2^2}+\frac{D_3}{2^1}\right)$$

$$= \frac{V_{REF}}{2^4 \times R}\sum_{i=0}^{3}(D_i \cdot 2^i)$$

输出电压：

$$v_O = -i_\Sigma R_f$$

$$= -\frac{R_f}{R} \cdot \frac{V_{REF}}{2^4}\sum_{i=0}^{3}(D_i \cdot 2^i)$$

将输入数字量扩展到 n 位，可得 n 位倒 T 形电阻网络 D/A 转换器输出模拟量与输入数字量之间的一般关系式如下：

$$v_O = -\frac{R_f}{R} \cdot \frac{V_{REF}}{2^n}\left[\sum_{i=0}^{n-1}(D_i \cdot 2^i)\right]$$

设 $K = \frac{R_f}{R} \cdot \frac{V_{REF}}{2^n}$，$N_B$ 表示括号中的 n 位二进制数，则：

$$v_O = -KN_B$$

要使 D/A 转换器具有较高的精度，对电路中的参数有以下要求：

（1）基准电压稳定性好；

（2）倒 T 形电阻网络中 R 和 $2R$ 电阻的比值精度要高；

（3）每个模拟开关的开关电压降要相等。为实现电流从高位到低位按 2 的整倍数递减，模拟开关的导通电阻也相应地按 2 的整倍数递增。

由于在倒 T 形电阻网络 D/A 转换器中，各支路电流直接流入运算放大器的输入端，它们之间不存在传输上的时间差。电路的这一特点不仅提高了转换速度，而且也减少了动态过程中输出端可能出现的尖脉冲。它是目前广泛使用的 D/A 转换器中速度较快的一种。常用的 CMOS 开关倒 T 形电阻网络 D/A 转换器的集成电路有 AD7520（10 位）、DAC1210（12 位）和 AK7546（16 位高精度）等。

2. 权电流型 D/A 转换器。尽管倒 T 形电阻网络 D/A 转换器具有较高的转换速度，但由于电路中存在模拟开关电压降，当流过各支路的电流稍有变化时，就会产生转换误差。为进一步提高 D/A 转换器的转换精度，可采用如图 13－4 所示的权电流型 D/A 转换器。

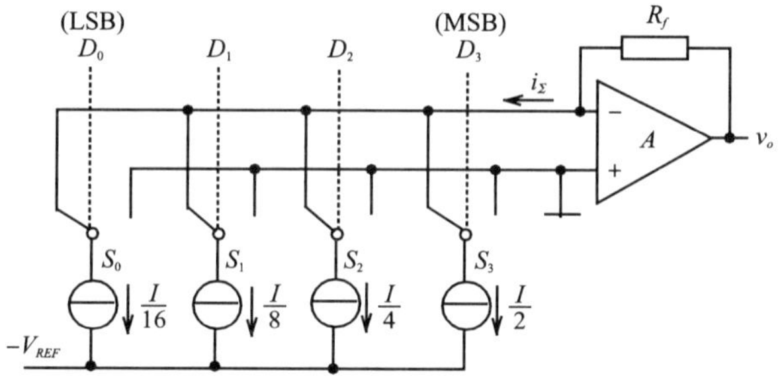

图 13－4　权电流型 D/A 转换器的原理电路

（1）原理电路。这组恒流源从高位到低位电流的大小依次为 $I/2$、$I/4$、$I/8$、$I/16$。

当输入数字量的某一位代码 $D_i = 1$ 时，开关 S_i 接运算放大器的反相输入端，相应的权电流流入求和电路；当 $D_i = 0$ 时，开关 S_i 接地。分析该电路可得出

$$\begin{aligned} v_O &= i_\Sigma R_f \\ &= R_f\left(\frac{I}{2}D_3 + \frac{I}{4}D_2 + \frac{I}{8}D_1 + \frac{I}{16}D_0\right) \end{aligned}$$

$$=\frac{I}{2^4}\cdot R_f\ (D_3\cdot 2^3+D_2\cdot 2^2+D_1\cdot 2^1+D_0\cdot 2^0)$$

$$=\frac{I}{2^4}\cdot R_f\sum_{i=0}^{3}D_i\cdot 2^i$$

采用了恒流源电路之后，各支路权电流的大小均不受开关导通电阻和压降的影响，这就降低了对开关电路的要求，提高了转换精度。

(2) 采用具有电流负反馈的 BJT 恒流源电路的权电流 D/A 转换器。为了消除因各 BJT 发射极电压 V_{BE}的不一致性对 D/A 转换器精度的影响，图 13－5 中 $T_3\sim T_0$ 均采用了多发射极晶体管，其发射极个数是 8、4、2、1，即 $T_3\sim T_0$ 发射极面积之比为 8∶4∶2∶1。这样，在各 BJT 电流比值为 8∶4∶2∶1 的情况下，$T_3\sim T_0$ 的发射极电流密度相等，可使各发射结电压 V_{BE}相同。由于 $T_3\sim T_0$ 的基极电压相同，所以它们的发射极 e_3、e_2、e_1、e_0 就为等电位点。在计算各支路电流时将它们等效连接后，可看出倒 T 形电阻网络与图13－5 中工作状态完全相同，流入每个 $2R$ 电阻的电流从高位到低位依次减少 1/2，各支路中电流分配比例满足 8∶4∶2∶1 的要求。

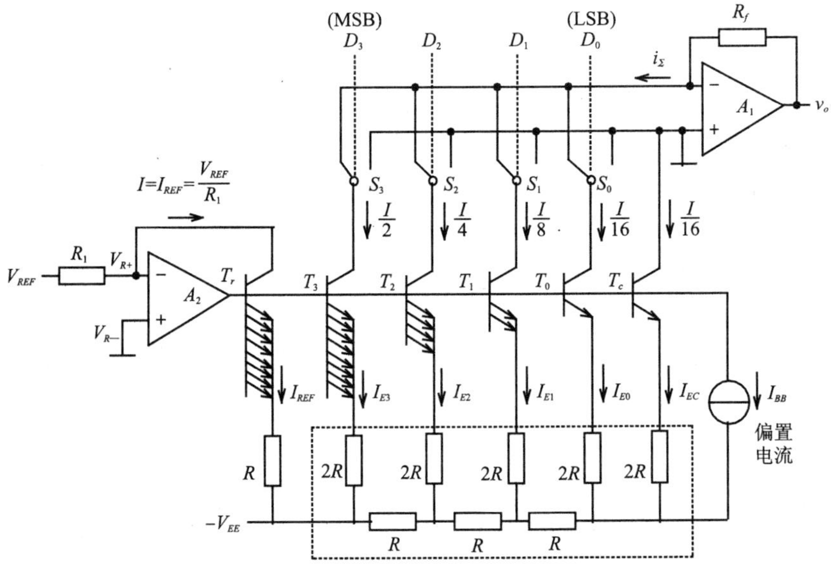

图 13－5　权电流 D/A 转换器的实际电路

基准电流 I_{REF}产生电路由运算放大器 A_2、R_1、T_r、R 和 $-V_{EE}$组成，A_2 和 R_1、T_r 的 cb 结组成电压并联负反馈电路，以稳定输出电压，即 T_r 的基极电压。T_r 的 cb 结，电阻 R 到 $-V_{EE}$为反馈电路的负载，由于电路处于深度负反馈，根据虚短的原理，其基准电流为：

$$I_{REF}=\frac{V_{REF}}{R_1}=2I_{E_3}$$

由倒 T 形电阻网络分析可知，$I_{E3}=I/2$，$I_{E2}=I/4$，$I_{E1}=I/8$，$I_{E0}=I/16$，于是可得输出电压为：

$$v_O=i_\Sigma R_f$$

$$= \frac{R_f V_{REF}}{2^4 R_1} (D_3 \cdot 2^3 + D_2 \cdot 2^2 + D_1 \cdot 2^1 + D_0 \cdot 2^0)$$

可推得 n 位倒 T 形权电流 D/A 转换器的输出电压：

$$v_O = \frac{V_{REF}}{R_1} \cdot \frac{R_f}{2^n} \sum_{i=0}^{n-1} D_i \cdot 2^i$$

该电路特点为，基准电流仅与基准电压 V_{REF} 和电阻 R_1 有关，而与 BJT、R、$2R$ 电阻无关。这样，电路降低了对 BJT 参数及 R、$2R$ 取值的要求，对于集成化十分有利。

由于在这种权电流 D/A 转换器中采用了高速电子开关，电路还具有较高的转换速度。采用这种权电流型 D/A 转换电路生产的单片集成 D/A 转换器有 AD1408、DAC0806、DAC0808 等。这些器件都采用双极型工艺制作，工作速度较高。

3. D/A 集成转换器 DAC0832。单片大规模集成 D/A 转换器问世，为实现上述的转换提供了极大的方便。使用者只要借助于手册提供的器件性能指标及典型应用电路，即可正确使用这些器件。本实验将采用大规模集成电路 DAC0832 实现 D/A 转换。

DAC0832 是采用 CMOS 工艺制成的单片电流输出型 8 位数/模转换器。图 13－6 是 DAC0832 的逻辑框图及引脚排列。

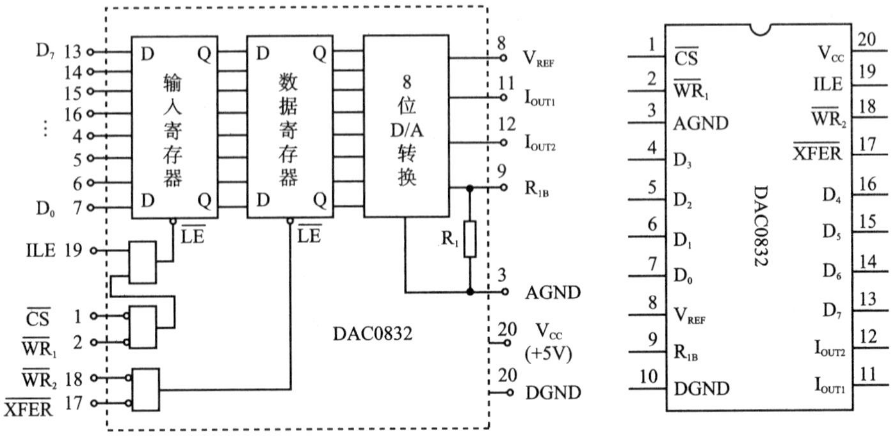

图 13－6　DAC0832 单片 D/A 转换器逻辑框图和引脚排列

DAC0832 的引脚功能说明如下：

$D_0 - D_7$：数字信号输入端

ILE：输入寄存器允许，高电平有效

$\overline{CS}$：片选信号，低电平有效

$\overline{WR_1}$：写信号 1，低电平有效

$\overline{XFER}$：传送控制信号，低电平有效

$\overline{WR_2}$：写信号 2，低电平有效

I_{OUT1}，I_{OUT2}：DAC 电流输出端

R_{fB}：反馈电阻，是集成在片内的外接运放的反馈电阻

V_{REF}：基准电压（-10～+10）V

V_{CC}：电源电压（+5～+15）V

4. D/A 转换器的主要技术指标。

（1）转换精度。D/A 转换器的转换精度通常用分辨率和转换误差来描述。

① 辨率——D/A 转换器模拟输出电压可能被分离的等级数。输入数字量位数越多，输出电压可分离的等级越多，即分辨率越高。在实际应用中，往往用输入数字量的位数表示 D/A 转换器的分辨率。此外，D/A 转换器也可以用能分辨的最小输出电压（此时输入的数字代码只有最低有效位为 1，其余各位都是 0）与最大输出电压（此时输入的数字代码各有效位全为 1）之比给出。N 位 D/A 转换器的分辨率可表示为 $1/(2^n-1)$。它表示 D/A 转换器在理论上可以达到的精度。

② 转换误差。转换误差的来源很多，转换器中各元件参数值的误差，基准电源不够稳定和运算放大器的零漂的影响等。

D/A 转换器的绝对误差（或绝对精度）是指输入端加入最大数字量（全 1）时，D/A 转换器的理论值与实际值之差。该误差值应低于 LSB/2。

例如，一个 8 位的 D/A 转换器，对应最大数字量（FFH）的模拟理论输出值为 $\frac{255}{256}V_{REF}$，$\frac{1}{2}\mathrm{LSB}=\frac{1}{512}V_{REF}$所以实际值不应超过$\left(\frac{255}{256}\pm\frac{1}{512}\right)V_{REF}$。

（2）转换速度。

① 立时间（t_{set}）——指输入数字量变化时，输出电压变化到相应稳定电压值所需时间。一般用 D/A 转换器输入的数字量 NB 从全 0 变为全 1 时，输出电压达到规定的误差范围（±LSB/2）时所需时间表示。D/A 转换器的建立时间较快，单片集成 D/A 转换器建立时间最短可达 0.1μs 以内。

② 转换速率（SR）——大信号工作状态下模拟电压的变化率。

（3）温度系数。指在输入不变的情况下，输出模拟电压随温度变化产生的变化量。一般用满刻度输出条件下温度每升高 1℃，输出电压变化的百分数作为温度系数。

四、实验内容及步骤

1. 实验台上搭接电路。

（1）按图 13-7 接线，电路接成直通方式，即 $\overline{CS}$、$\overline{WR_1}$、$\overline{WR_2}$、$\overline{XFER}$ 接地；ALE、VCC、VREF 接 +5V 电源；运放电源接 ±15V；D_0～D_7 接逻辑开关的输出插口，输出端 V_0 接直流数字电压表。

（2）调零，令 D_0～D_7 全置零，调节运放的电位器使 μA741 输出为零。

（3）按表 13-1 所列的输入数字信号，用数字电压表测量运放的输出电压 V_0。

2. 记录实验结果。将测量结果填入表 13-1 中，并与理论值进行比较。

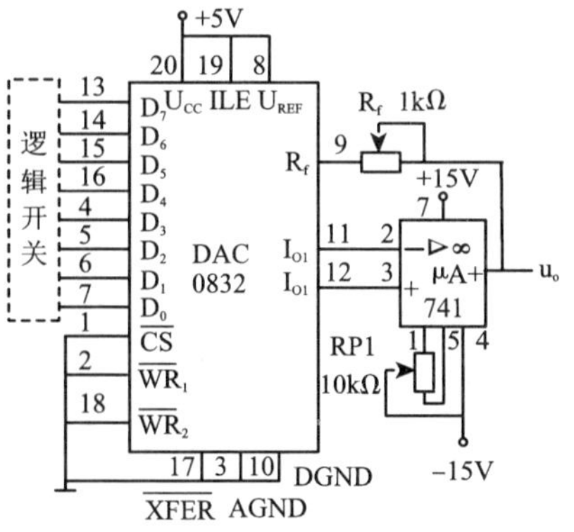

图 13－7　D/A 转换器实验线路

表 13－1

输入数字量								输出模拟电压（V）	
D_7	D_6	D_5	D_4	D_3	D_2	D_1	D_0	实测值	理论值
0	0	0	0	0	0	0	0		
0	0	0	0	0	0	0	1		
0	0	0	0	0	0	1	1		
0	0	0	0	0	1	1	1		
0	0	0	0	1	1	1	1		
0	0	0	1	1	1	1	1		
0	0	1	1	1	1	1	1		
0	1	1	1	1	1	1	1		
1	1	1	1	1	1	1	1		

五、思考题

倒 T 形电阻网络 D/A 转换器的原理图如图 13－3 所示。若 $V_{REF}=-10\text{V}$，$R=20\text{k}\Omega$，$R_F=60\text{k}\Omega$。求 v_O 的输出范围。

实验十四

模数转换器测试

一、实验目的

1. 熟悉 A/D 转换器的工作原理。
2. 熟悉 A/D 转换器集成芯片 DAC0809 的性能，学习其使用方法。

二、实验仪器及器材

1. 数字电路实验箱。
2. 集成电路 DAC0809。
3. 电位器 10kΩ、1kΩ。

三、实验原理

在数字电子技术的很多应用场合往往需要把模拟量转换为数字量，称为模/数转换器（A/D 转换器，简称 ADC）。

1. A/D 转换的原理。在 A/D 转换器中，因为输入的模拟信号在时间上是连续量，而输出的数字信号代码是离散量，所以进行转换时必须在一系列选定的瞬间（亦即时间坐标轴上的一些规定点上）对输入的模拟信号取样，然后再把这些取样值转换为输出的数字量。因此，一般的 A/D 转换过程是通过取样、保持、量化和编码这四个步骤完成的。A/D 转换的一般步骤如图 14 - 1 所示。

（1）取样定理。可以证明，为了正确无误地用图 14 - 2 中所示的取样信号 v_S 表示模拟信号 v_I，必须满足：

$f_S \geqslant 2f_{imax}$

式中，f_S 取样频率；f_{imax}为输入信号 v_I 的最高频率分量的频率。

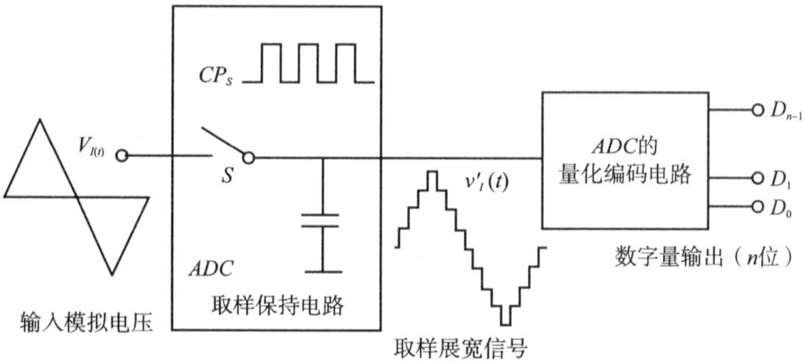

图 14－1　模拟量到数字量的转换过程

在满足取样定理的条件下，可以用一个低通滤波器将信号 v_S 还原为 v_I，这个低通滤波器的电压传输系数 $|A(f)|$ 在低于 f_{imax} 的范围内应保持不变，而在 f_S-f_{imax} 以前应迅速下降为零，如图 14－3 所示。因此，取样定理规定了 A/D 转换的频率下限。

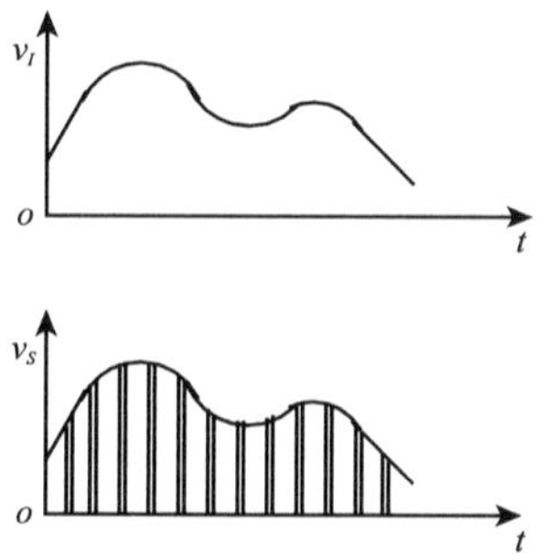

图 14－2　对输入模拟信号的采样

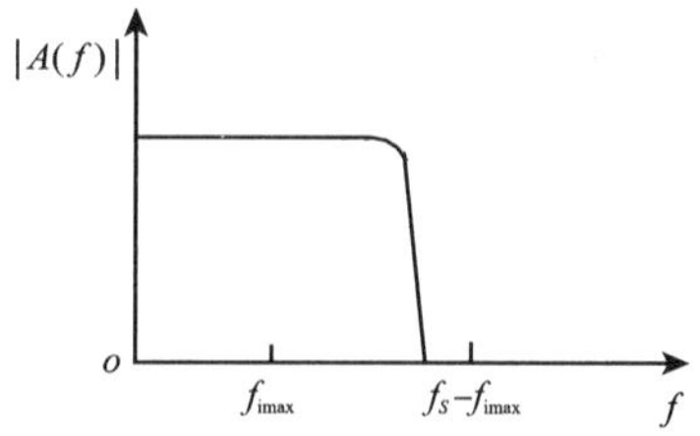

图 14－3　还原取样信号所用滤波器的频率特性

因为每次把取样电压转换为相应的数字量都需要一定的时间，所以在每次取样以后，必须把取样电压保持一段时间。可见，进行 A/D 转换时所用的输入电压，实际上是每次取样结束时的 v_I 值。

（2）量化和编码。我们知道，数字信号不仅在时间上是离散的，而且在数值上的变化也不是连续的。这就是说，任何一个数字量的大小，都是以某个最小数量单位的整倍数来表示的。因此，在用数字量表示取样电压时，也必须把它化成这个最小数量单位的整倍数，这个转化过程就叫做量化。所规定的最小数量单位叫做量化单位，用 Δ 表示。显然，数字信号最低有效位中的 1 表示的数量大小，就等于 Δ。把量化的数值用二进制代码表示，称为编码。这个二进制代码就是 A/D 转换的输出信号。

既然模拟电压是连续的，那么它就不一定能被 Δ 整除，因而不可避免地会引入误差，我们把这种误差称为量化误差。在把模拟信号划分为不同的量化等级时，用不同的划分方法可以得到不同的量化误差。

假定需要把 0 ~ +1V 的模拟电压信号转换成 3 位二进制代码，这时便可以取 Δ = (1/8) V，并规定凡数值在 0 ~ (1/8) V 的模拟电压都当做 0 × Δ 看待，用二进制的 000 表示；凡数值在 (1/8) V ~ (2/8) V 的模拟电压都当做 1 × Δ 看待，用二进制的 001 表示，等等，如图

14－4(a) 所示。不难看出，最大的量化误差可达 Δ，即（1/8）V。

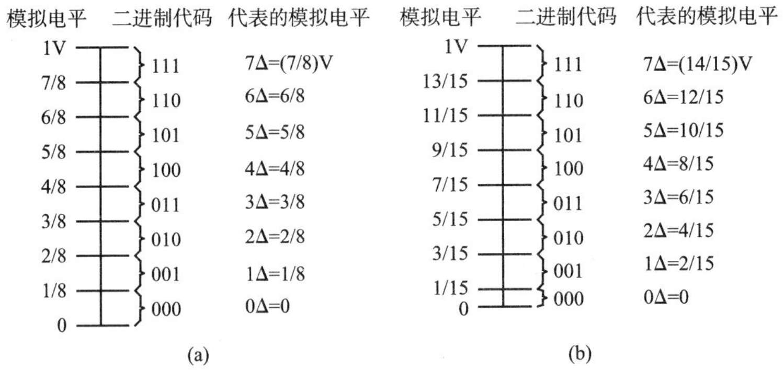

图 14－4　划分量化电平的两种方法

为了减少量化误差，通常采用图 14－4(b) 所示的划分方法，取量化单位 Δ＝(2/15）V，并将 000 代码所对应的模拟电压规定为 0～(1/15）V，即 0～Δ/2。这时，最大量化误差将减少为 Δ/2＝（1/15）V。这个道理不难理解，因为现在把每个二进制代码所代表的模拟电压值规定为它所对应的模拟电压范围的中点，所以最大的量化误差自然就缩小为 Δ/2 了。

2. 取样—保持电路。

（1）电路组成及工作原理。如图 14－5 所示，N 沟道 MOS 管 T 作为取样开关用。

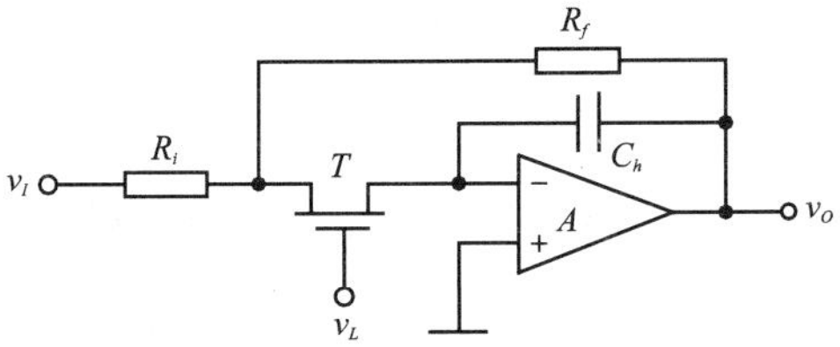

图 14－5　取样—保持电路的基本形式

当控制信号 v_L 为高电平时，T 导通，输入信号 v_I 经电阻 R_i 和 T 向电容 C_h 充电。若取 $R_i=R_f$，则充电结束后 $v_O=-v_I=v_C$。

当控制信号返回低电平，T 截止。由于 C_h 无放电回路，所以 v_O 的数值被保存下来。

本电路的缺点：取样过程中需要通过 R_i 和 T 向 C_h 充电，所以使取样速度受到了限制。同时，R_i 的数值又不允许取得很小，否则会进一步降低取样电路的输入电阻。

（2）改进电路及其工作原理。图 14－6 是单片集成取样—保持电路 LE198 的电路原理图及符号，它是一个经过改进的取样—保持电路。图中 A_1、A_2 是两个运算放大器，S 是电子开关，L 是开关的驱动电路，当逻辑输入 v_L 为 1，即 v_L 为高电平时，S 闭和；v_L 为 0，即低电平时，S 断开。

当 S 闭合时，A_1、A_2 均工作在单位增益的电压跟随器状态，所以 $v_O=v_O'=v_I$。如果将电容 C_h 接到 R_2 的引出端和地之间，则电容上的电压也等于 v_I。当 v_L 返回低电平以后，虽然 S 断开了，但由于 C_h 上的电压不变，所以输出电压 v_O 的数值得以保持下来。

在 S 再次闭合以前的这段时间里，如果 v_I 发生变化，v_O' 可能变化非常大，甚至会超过开关电路所能承受的电压，因此需要增加 D_1 和 D_2 构成保护电路。当 v_O' 比 v_O 所保持的电压高（或低）一个二极管的压降时，D_1（或 D_2）导通，从而将 v_O' 限制在 v_I+v_D 以内。而在开关 S 闭和的情况下，v_O' 和 v_O 相等，故 D_1 和 D_2 均不导通，保护电路不起作用。

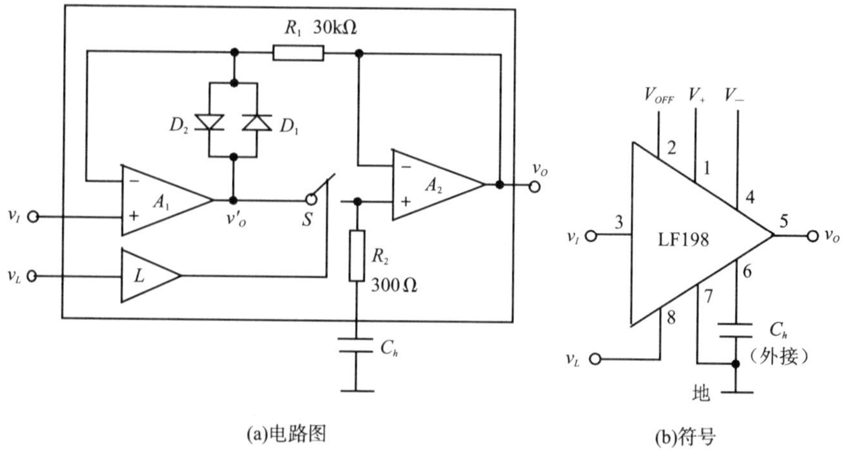

图 14－6　单片集成取样—保持电路 LE198 的电路原理图及符号

3. 并行比较型 A/D 转换器。3 位并行比较型 A/D 转换原理电路如图 14－7 所示，它由电压比较器、寄存器和代码转换器三部分组成。

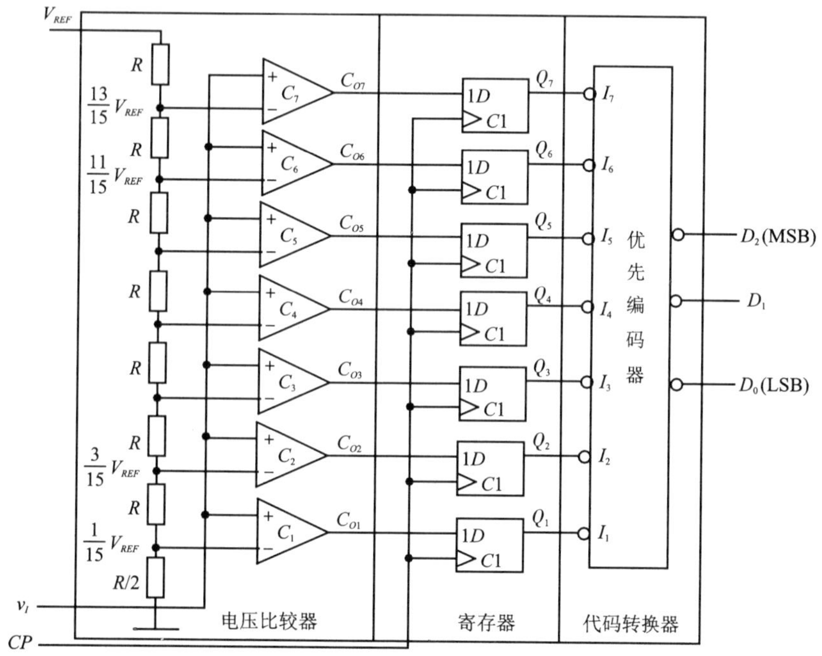

图 14－7　并行比较型 A/D 转换器

电压比较器中量化电平的划分采用图 14－4（b）所示的方式，用电阻链把参考电压

V_{REF}分压，得到从 $1/15 \cdot V_{REF}$ 到 $13/15 \cdot V_{REF}$ 之间 7 个比较电平，量化单位 $\Delta = 2/15 \cdot V_{REF}$。然后，把这 7 个比较电平分别接到 7 个比较器 $C_1 \sim C_7$ 的输入端作为比较基准。同时将输入的模拟电压同时加到每个比较器的另一个输入端上，与这 7 个比较基准进行比较。

3 位并行 A/D 转换器输入与输出转换关系如表 14－1 所示。

表 14－1　　3 位并行 A/D 转换器输入与输出转换关系对照表

输入模拟电压 V_I	寄存器状态（代码转换器输入）$Q_7\ Q_6\ Q_5\ Q_4\ Q_3\ Q_2\ Q_1$	数字量输出（代码转换器输出）$D_2\ D_1\ D_0$
$\left(0 \sim \frac{1}{15}\right)V_{REF}$	0 0 0 0 0 0 0	0 0 0
$\left(\frac{1}{15} \sim \frac{3}{15}\right)V_{REF}$	0 0 0 0 0 0 1	0 0 1
$\left(\frac{3}{15} \sim \frac{5}{15}\right)V_{REF}$	0 0 0 0 0 1 1	0 1 0
$\left(\frac{5}{15} \sim \frac{7}{15}\right)V_{REF}$	0 0 0 0 1 1 1	0 1 1
$\left(\frac{7}{15} \sim \frac{9}{15}\right)V_{REF}$	0 0 0 1 1 1 1	1 0 0
$\left(\frac{9}{15} \sim \frac{11}{15}\right)V_{REF}$	0 0 1 1 1 1 1	1 0 1
$\left(\frac{11}{15} \sim \frac{13}{15}\right)V_{REF}$	0 1 1 1 1 1 1	1 1 0
$\left(\frac{13}{15} \sim 1\right)V_{REF}$	1 1 1 1 1 1 1	1 1 1

单片集成并行比较型 A/D 转换器的产品较多，如 AD 公司的 AD9012（TTL 工艺，8 位）、AD9002（ECL 工艺，8 位）AD9020（TTL 工艺，10 位）等。

并行 A/D 转换器具有如下特点：

（1）由于转换是并行的，其转换时间只受比较器、触发器和编码电路延迟时间限制，因此转换速度最快。

（2）随着分辨率的提高，元件数目要按几何级数增加。一个 n 位转换器，所用的比较器个数为 $2^n - 1$，如 8 位的并行 A/D 转换器就需要 $2^8 - 1 = 255$ 个比较器。由于位数愈多，电路愈复杂，因此制成分辨率较高的集成并行 A/D 转换器是比较困难的。

（3）使用这种含有寄存器的并行 A/D 转换电路时，可以不用附加取样—保持电路，因为比较器和寄存器这两部分也兼有取样—保持功能。这也是该电路的一个优点。

4. 逐次比较型 A/D 转换器。逐次逼近转换过程与用天平称物重非常相似。按照天平称重的思路，逐次比较型 A/D 转换器，就是将输入模拟信号与不同的参考电压做多次比较，使转换所得的数字量在数值上逐次逼近输入模拟量的对应值。

4 位逐次比较型 A/D 转换器的逻辑电路如图 14－8 所示。

图中 5 位移位寄存器可进行并入/并出或串入/串出操作，其输入端 F 为并行置数使能端，高电平有效。其输入端 S 为高位串行数据输入。数据寄存器由 D 边沿触发器组成，数字量从 $Q_4 \sim Q_1$ 输出。

电路工作过程如下：当启动脉冲上升沿到达后，$FF_0 \sim FF_4$ 被清零，Q_5 置 1，Q_5 的高电平开启与门 G_2，时钟脉冲 CP 进入移位寄存器。在第一个 CP 脉冲作用下，由于移位寄存器的置数使能端 F 已由 0 变 1，并行输入数据 $ABCDE$ 置入，$Q_AQ_BQ_CQ_DQ_E = 01111$，Q_A 的低电平使数据寄存器的最高位（Q_4）置 1，即 $Q_4Q_3Q_2Q_1 = 1000$。D/A 转换器将数字量 1000 转换为模拟电压 v_O，送入比较器 C 与输入模拟电压 v_I 比较，若 $v_I > v_O$，则比较器 C 输出 v_C 为 1，否则为 0。比较结果送 $D_4 \sim D_1$。

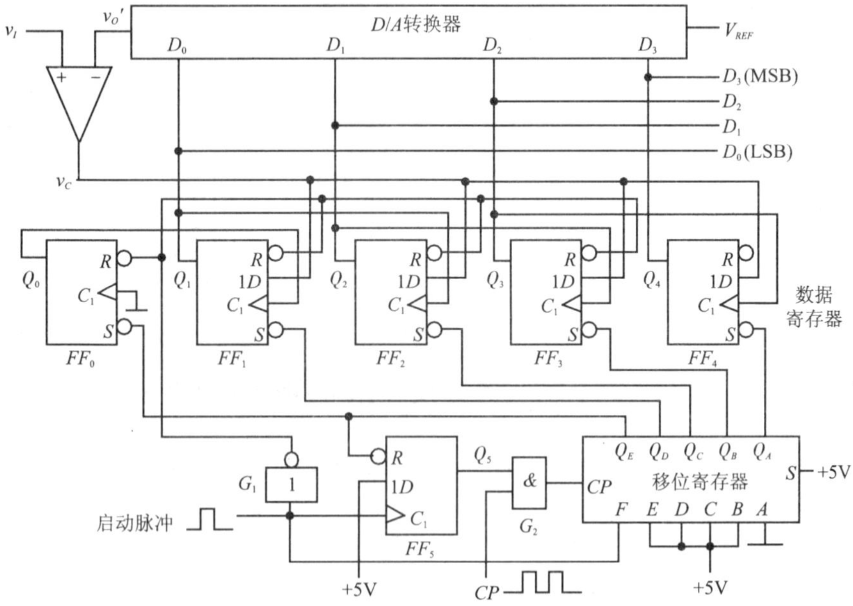

图 14－8　四位逐次比较型 A/D 转换器的逻辑电路

第二个 CP 脉冲到来后，移位寄存器的串行输入端 S 为高电平，Q_A 由 0 变 1，同时最高位 Q_A 的 0 移至次高位 Q_B。于是数据寄存器的 Q_3 由 0 变 1，这个正跳变作为有效触发信号加到 FF_4 的 CP 端，使 v_C 的电平得以在 Q_4 保存下来。此时，由于其他触发器无正跳变触发脉冲，v_C 的信号对它们不起作用。Q_3 变 1 后，建立了新的 D/A 转换器的数据，输入电压再与其输出电压 v_O' 进行比较，比较结果在第三个时钟脉冲作用下存于 Q_3……如此进行，直到 Q_E 由 1 变 0 时，使触发器 FF_0 的输出端 Q_0 产生由 0 到 1 的正跳变，做触发器 $FF1$ 的 CP 脉冲，使上一次 A/D 转换后的 v_C 电平保存于 Q_1。同时使 Q_5 由 1 变 0 后将 G_2 封锁，一次 A/D 转换过程结束。于是电路的输出端 $D_3D_2D_1D_0$ 得到与输入电压 v_I 成正比的数字量。

由以上分析可见，逐次比较型 A/D 转换器完成一次转换所需时间与其位数和时钟脉冲频率有关，位数愈少，时钟频率越高，转换所需时间越短。这种 A/D 转换器具有转换速度快，精度高的特点。

5. A/D 集成转换器 ADC0809。ADC0809 是采用 CMOS 工艺制成的单片 8 位 8 通道逐次渐近型模/数转换器，其逻辑框图及引脚排列如图 14－9 所示。

器件的核心部分是 8 位 A/D 转换器，它由比较器、逐次渐近寄存器、D/A 转换器及控制和定时 5 部分组成。

ADC0809 的引脚功能说明如下：

$IN_0 - IN_7$：8 路模拟信号输入端

A_2、A_1、A_0：地址输入端

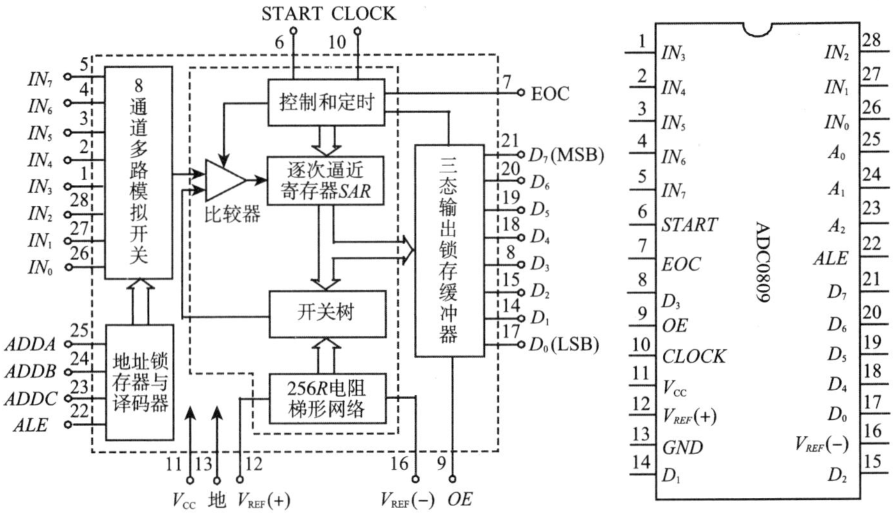

图 14-9　ADC0809 转换器逻辑框图及引脚排列

ALE：地址锁存允许输入信号，在此脚施加正脉冲，上升沿有效，此时锁存地址码，从而选通相应的模拟信号通道，以便进行 A/D 转换。

START：启动信号输入端，应在此脚施加正脉冲，当上升沿到达时，内部逐次逼近寄存器复位，在下降沿到达后，开始 A/D 转换过程。

EOC：转换结束输出信号（转换结束标志），高电平有效。

OE：输入允许信号，高电平有效。

CLOCK（CP）：时钟信号输入端，外接时钟频率一般为 640kHz。

V_{CC}：+5V 单电源供电

V_{REF}（+）、V_{REF}（-）：基准电压的正极、负极。一般 V_{REF}（+）接 +5V 电源，V_{REF}（-）接地。

$D_7 - D_0$：数字信号输出端

四、实验内容及步骤

1. 实验台上搭接电路。按图 14-10 所示电路接线，其中输出端 $D_7 \sim D_0$ 分别接发光二极管 LED，CLOCK 接连续脉冲（频率大于 1kHz）。

2. 记录实验结果。

（1）八路输入模拟信号 1V～4.5V，由 +5V 电源经电阻 R 分压组成；变换结果 $D_0 \sim D_7$ 接逻辑电平显示器输入插口，CP 时钟脉冲由计数脉冲源提供，取 $f = 100\text{kHz}$；$A_0 \sim A_2$ 地址端接逻辑电平输出插口。

（2）接通电源后，在启动端（START）加一正单次脉冲，下降沿一到即开始 A/D

转换。

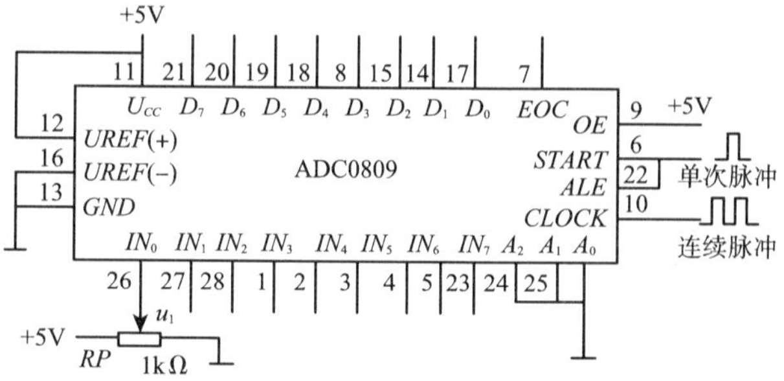

图 14－10　A/D 转换器实验线路

（3）按表 14－2 的要求观察、记录 IN_0 ~ IN_7 八路模拟信号的转换结果，并将转换结果换算成十进制数表示的电压值，并与数字电压表实测的各路输入电压值进行比较，分析误差原因。

表 14－2

被选模拟通道	输入模拟量	地址	输出数字量								
IN	v_i（V）	A_2　A_1　A_0	D_7	D_6	D_5	D_4	D_3	D_2	D_1	D_0	十进制
IN_0	4.5	0　0　0									
IN_1	4.0	0　0　1									
IN_2	3.5	0　1　0									
IN_3	3.0	0　1　1									
IN_4	2.5	1　0　0									
IN_5	2.0	1　0　1									
IN_6	1.5	1　1　0									
IN_7	1.0	1　1　1									

五、思考题

对逐次比较型 A/D 转换器，试回答以下问题：

（1）逐次比较器 ADC 由哪些主要电路构成？

（2）已知 8 位 ADC 的 $f_{CP}=100\text{kHz}$，则完成一次 A/D 转换的时间是多少？

第三部分

综合设计实验

综合设计性实验是在基本掌握了基本单元电路原理的基础上进行实验电路设计与调试。通过设计实验教学，可提高对基本实验技能的运用，掌握有关参数及电子电路的内在规律，真正掌握数字电路的知识并能灵活应用。

实验十五

智能竞赛抢答器电路设计

一、实验目的

1. 学习数字电路中 D 触发器、分频电路、多谐振荡器等单元电路的综合应用。
2. 熟悉智力竞赛抢答器的工作原理。
3. 了解简单数字系统设计、调试及故障排除方法。

二、实验仪器及器材

1. +5V 直流电源。
2. 逻辑电平开关。
3. 逻辑电平显示器。
4. 双踪示波器。
5. 数字频率计。
6. 数字万用表。
7. 74LS175、74LS20、74LS74、74LS00。
8. 集成电路 74LS273。
9. KD 型音乐集成电路。
10. 扬声器。
11. 复位按钮、二极管、电阻器、电容器、晶闸管。

三、实验原理

1. 四人用的智力竞赛抢答器。图 15－1 为供四人用的智力竞赛抢答装置线路，用以判断抢答优先权。

图 15－1 中 F_1 为四 D 触发器 74LS175，它具有公共置 O 端和公共 CP 端。F_2 为双 4 输入与非门 74LS20；F_3 是由 74LS00 组成的多谐振荡器；F_4 是由 74LS74 组成的四分频电路，F_3、F_4 组成抢答电路中的 CP 时钟脉冲源。抢答开始时，由主持人清除信号，按下复位开关 S，$74LS_175$ 的输出 $Q_1 \sim Q_4$ 全为 0，所有发光二极管 LED 均熄灭，当主持人宣布“抢答开始”后，首先作出判断的参赛者立即按下开关，对应的发光二极管点亮，同时，通过与非门 F_2 送出信号锁住其余三个抢答者的电路，不再接受其他信号，直到主持人再次清除信号为止。

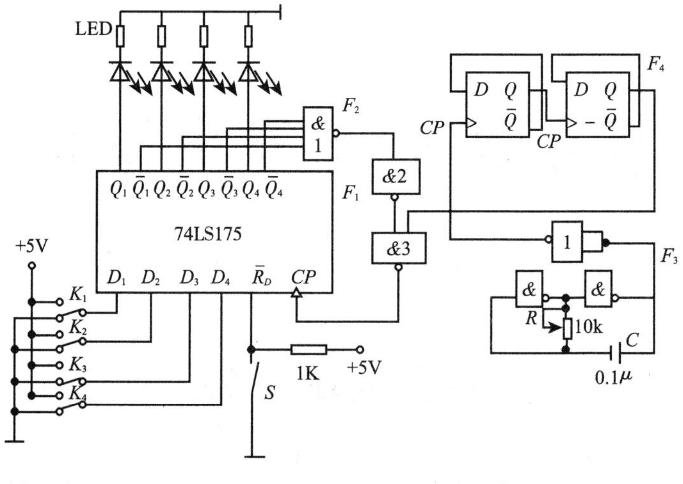

图 15－1　智力竞赛抢答装置原理图

2. 8 路抢答器电路设计。该抢答器电路由复位电路、抢答触发控制电路、LED 数码显示电路和音频电路组成，如图 15－2 所示。

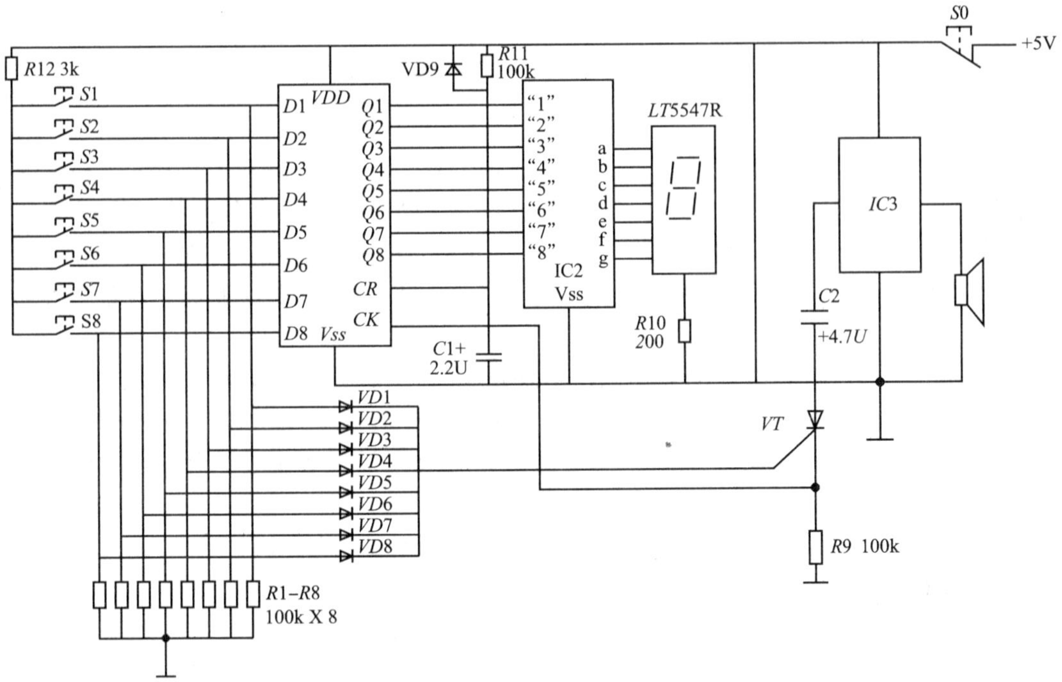

图 15－2　8 路抢答器电路

复位电路由复位按钮 S0、二极管 VD9、电阻器 *R*11 和电容器 *C*1 组成。强大触发控制电路由抢答器按钮 *S*1－*S*8、电阻器 *R*1、隔离二极管 *VD*1－*VD*8、八 *D* 触发器集成电路 *IC*1（74LS273）和晶闸管 *VT* 等组成。

LED 数码显示电路由 LED 显示驱动集成电路 IC2（CH233 实现二进制数码转换成十进制数码，该集成电路输出电流大，可直接驱动数码管）和 LED 数码显示器等组成。

音频电路由电容器 C2、扬声器 *BL* 和音乐集成电路 IC3（选用 *KD* 型“叮咚”音乐集成电路作为音响提示电路）等组成。

接通电源后，复位电路产生复位电压并加至 IC1 的 *CR* 端，使 IC1 清零复位。在未按动抢答按钮 *S*1－*S*8 时，IC1 的八个输入端（*D*1－*D*8）和八个输出端（*Q*1－*Q*8）均为低电平，晶闸管 *VT* 处于截止状态，LED 数码显示器无显示，扬声器 *BL* 无声音。

当按动抢答按钮 *S*1－*S*8 中某只开关时，与该开关相接的隔离二极管将导通，使 *VT* 导通，其阴极变为高电平；一方面通过 *C*2 触发音乐集成电路 IC3，使其工作，驱动扬声器 *BL* 发出“叮、咚”声；另一方面使 IC1 的 *CK* 端由低电平变为高电平，使 IC1 内相应的触发器动作，相应的输出端输出高电平并被锁存。此高电平经 IC2 译码处理后，驱动 LED 数码显示器显示相应的数字（若按动按钮 *S*8，则 IC1 的 *D*8 和 *Q*8 端均变为高电平，LED 数码显示器数字“8”）。

一旦电路被触发工作后，再按动其他各抢答开关时，均无法使 IC1 的输出数据再发生改变，LED 数码显示器中显示的数字也不会变化，扬声器 *BL* 也不会发声，从而实现了优先抢答。只有在主持人按动一下复位按钮 SO 后，电路将自动复位，LED 数码显示器上的数字消失，才能进行下一轮抢答。

四、实验内容及步骤

1. 按图 15 - 1 电路接线，抢答器五个开关接实验装置上的逻辑开关、发光二极管接逻辑电平显示器。抢答开始前，开关 K_1、K_2、K_3、K_4 均置“0”，准备抢答，将开关 S 置“0”，发光二极管全熄灭，再将 S 置“1”，抢答开始，K_1、K_2、K_3、K_4 某一开关置“1”，观察发光二极管的亮、灭有否改变。改变 K_1、K_2、K_3、K_4 任一个开关状态，观察抢答器的工作情况。

2. 断开抢答器电路中 CP 脉冲源电路，单独对多谐振荡器 F_3 及分频器 F_4 进行调试，调整多谐振荡器 10k 电位器，使其输出脉冲频率约 4kHz，观察 F_3 及 F_4 输出波形并测试其频率。

3. 测试抢答器电路功能，接通 +5V 电源，CP 端接实验装置上连续脉冲源，取脉冲频率约 1kHz。再进行整体实验。

4. 按图 15 - 2 电路接线，分别调试锁存器电路和译码显示电路。

5. 调试控制电路。

6. 进行整体电路调试，观察抢答器工作情况，并记录结果。

五、思考题

若在图 15 - 1 和图 15 - 2 电路中加一个计时功能，要求计时电路显示时间精确到秒，最多限制为 2 分钟，一旦超出限时，则取消抢答权，电路如何改进。

实验十六

电子秒表电路设计

一、实验目的

1. 学习数字电路中 RS 触发器、单稳态触发器、时钟发生器及计数、译码显示等单元电路的综合应用。

2. 学习电子秒表的调试方法。

二、实验仪器及器材

1. +5V 直流电源。
2. 双踪示波器。
3. 数字万用表。
4. 数字频率计。
5. 单次脉冲源。
6. 连续脉冲源。
7. 逻辑电平开关。
8. 逻辑电平显示器。
9. 译码显示器。
10. 74LS00 ×2　555 ×1　74LS90 ×3。
11. 电位器、电阻、电容若干。

三、实验原理

图 16－1 为电子秒表的电原理图。按功能分成四个单元电路进行分析。

1. 基本 RS 触发器。图 16－1 中单元 I 为用集成与非门构成的基本 RS 触发器。属低电平直接触发的触发器，有直接置位、复位的功能。

它的一路输出 $\bar{Q}$ 作为单稳态触发器的输入，另一路输出 Q 作为与非门 5 的输入控制信号。

按动按钮开关 K_2（接地），则门 1 输出 $\bar{Q}=1$；门 2 输出 $Q=0$，K_2 复位后 Q、$\bar{Q}$ 状态

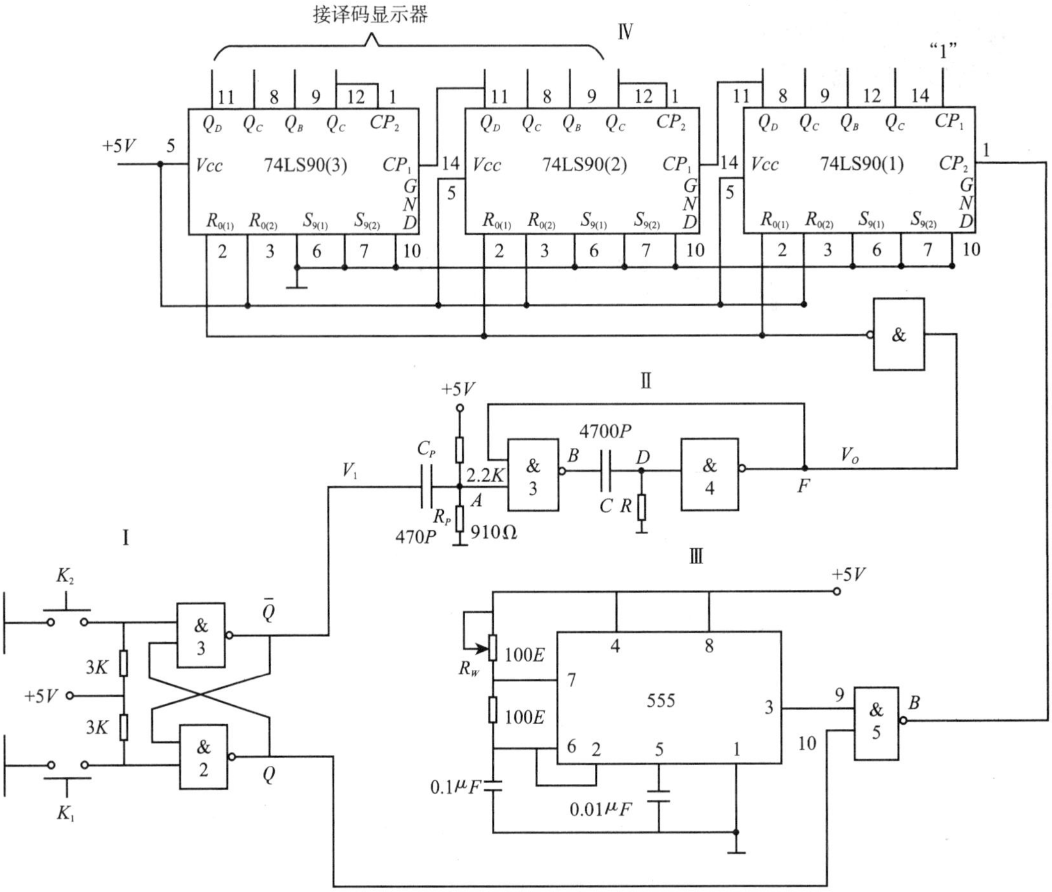

图 16－1　电子秒表原理

保持不变。再按动按钮开关 K_1，则 Q 由 0 变为 1，门 5 开启，为计数器启动做好准备。$\bar{Q}$ 由 1 变 0，送出负脉冲，启动单稳态触发器工作。

基本 RS 触发器在电子秒表中的职能是启动和停止秒表的工作。

2. 单稳态触发器。图 16－1 中单元Ⅱ为用集成与非门构成的微分型单稳态触发器，图 16－2 为各点波形图。

单稳态触发器的输入触发负脉冲信号 V_i 由基本 RS 触发器 $\bar{Q}$ 端提供，输出负脉冲 V_O 通过非门加到计数器的清除端 R。

静态时，门 4 应处于截止状态，故电阻 R 必须小于门的关门电阻 R_{Off}。定时元件 RC 取值不同，输出脉冲宽度也不同。当触发脉冲宽度小于输出脉冲宽度时，可以省去输入微分电路的 R_P 和 C_P。

单稳态触发器在电子秒表中的职能是为计数器提供清零信号。

3. 时钟发生器。图 16－1 中Ⅲ单元为用 555 定时器构成的多谐振荡器，是一种性能较好的时钟源。

调节电位器 R_W，使在输出端 3 获得频率为 50Hz 的矩形波信号，当基本 RS 触发器 $Q=1$

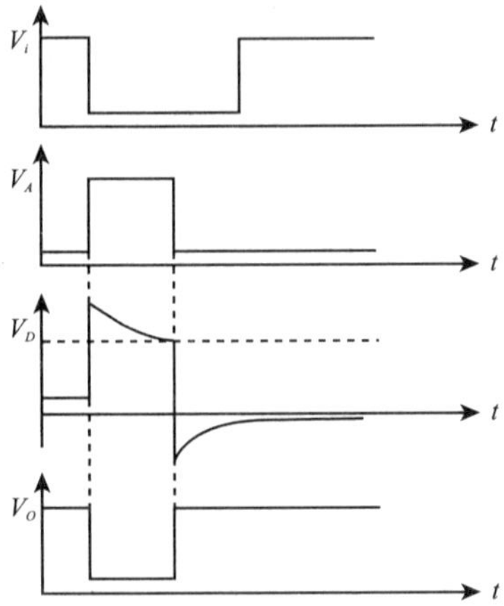

图 16－2　单稳态触发器波形图

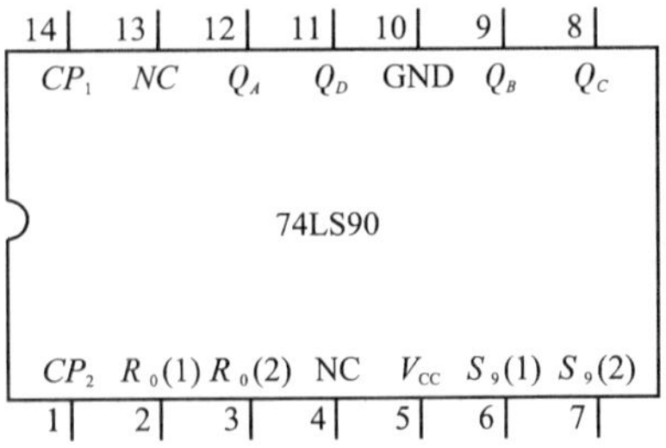

图 16－3　74LS90 引脚排列

时，门 5 开启，此时 50Hz 脉冲信号通过门 5 作为计数脉冲加于计数器①的计数输入端 CP_2

4. 计数及译码显示。二－五－十进制加法计数器 74LS90 构成电子秒表的计数单元，如图 16－1 中单元Ⅳ所示。其中计数器①接成五进制形式，对频率为 50Hz 的时钟脉冲进行五分频，在输出端 Q_D 取得周期为 0. 1S 的矩形脉冲，作为计数器②的时钟输入。计数器②及计数器③接成 8421 码十进制形式，其输出端与实验装置上译码显示单元的相应输入端连接，可显示 0. 1～0. 9 秒；1～9. 9 秒计时。

74LS90 是异步二－五－十进制加法计数器，它既可以作二进制加法计数器，又可以作五进制和十进制加法计数器。

图 16－3 为 74LS90 引脚排列，表 16－1 为功能表。

表 16－1　　　　74LS90 的功能表

输入						输出				功能
清 0		置 9		时钟		Q_D	Q_C	Q_B	Q_A	
$R_0(1)$	$R_0(2)$	$S_9(1)$	$S_9(2)$	CP_1	CP_2					
1	1	0 ×	× 0	×	×	0	0	0	0	清 0
0 ×	× 0	1	1	×	×	1	0	0	1	置 9
0 × × 0		0 × × 0		↓	1	Q_A 输出				二进制计数
				1	↓	$Q_DQ_CQ_B$ 输出				五进制计数
				↓	Q_A	$Q_DQ_CQ_BQ_A$ 输出 8421BCD 码				十进制计数
				Q_D	↓	$Q_AQ_DQ_CQ_B$ 输出 5421BCD 码				十进制计数
				1	1	不变				保持

通过不同的连接方式，74LS90 可以实现四种不同的逻辑功能；而且还可借助 $R_0(1)$、$R_0(2)$ 计数器清零，借助 $S_9(1)$、$S_9(2)$ 将计数器置 9。其具体功能详述如下：

（1）计数脉冲从 CP_1 输入，Q_A 作为输出端，为二进制计数器。

（2）计数脉冲从 CP_2 输入，$Q_DQ_CQ_B$ 作为输出端，为异步五进制加法计数器。

（3）若将 CP_1 与 Q_A 相连，计数脉冲由 CP_1 输入，Q_D、Q_C、Q_B、Q_A 作为输出端，则构成异步 8421 码十进制加法计数器。

（4）若将 CP_1 与 Q_D 相连，计数脉冲由 CP_2 输入，Q_A、Q_B、Q_C、Q_D 作为输出端，则构成异步 8421 码十进制加法计数器。

（5）清零、置 9 功能。

① 异步清零。当 $R_0(1)$、$R_0(2)$ 均为“1” $S_9(1)$、$S_9(2)$ 中有“0”时，实现异步清零功能，即 $Q_DQ_CQ_BQ_A=0000$。

② 置 9 功能。当 $S_9(1)$、$S_9(2)$ 均为“1”；$R_0(1)$、$R_0(2)$ 中有“0”时，实现置 9 功能，即 $Q_DQ_CQ_BQ_A=1001$。

四、实验内容及步骤

由于实验电路中使用器件较多，实验前必须合理安排各器件在实验装置上的位置，使电路逻辑清楚，接线较短。

实验时，应按照实验任务的次序，将各单元电路逐个进行接线和调试，即分别测试基本 *RS* 触发器、单稳态触发器、时钟发生器及计数器的逻辑功能，待各单元电路工作正常后再将有关电路逐级连接起来进行测试……直到测试电子秒表整个电路的功能。

这样的测试方法有利于检查和排除故障，保证实验顺利进行。

1. 单稳态触发器的测试。

（1）静态测试。用数字万用电压表测量 *A*、*B*、*D*、*F* 各点电位值。记录之。

（2）动态测试。输入端接 1kHz 连续脉冲源，用示波器观察并描绘 *D* 点（*VD*）、*F* 点（V_o）波形，如果单稳输出脉冲持续时间太短，难以观察，可适当加大微分电容 *C*（如改为 0.1μ），待测试完毕，再恢复 4700p。

2. 时钟发生器的测试。用示波器观察输出电压波形并测量其频率，调节 R_W，使输出矩形波频率为 50Hz。

3. 计数器的测试。

（1）接成①五进制形式，$R_0(1)$、$R_0(2)$、$S_9(1)$、S_9（2）接逻辑开关输出插口，CP_2 接单次脉冲源，CP_1 接高电平“1”，$Q_D \sim Q_A$ 接实验设备上译码显示输入端 D、C、B、A，按表 16－1 测试其逻辑功能，记录之。

（2）计数器②及计数器③接成 8421 码十进制的形式，同内容（1）进行逻辑功能测试。记录之。

（3）将计数器①、②、③级连，进行逻辑功能测试并记录。

4. 电子秒表的整体测试。各单元电路测试正常后，按图 16－1 把几个单元电路连接起来，进行电子秒表的总体测试。

先按一下按钮开关 K_2，此时电子秒表不工作，再按一下按键 K_1，则计数器清零后便开始计时，观察数码管显示计数情况是否正常，如不需要计时或暂停计时，按一下开关 K_2，计时立即停止，但数码管保留所计时之值。

5. 电子秒表准确度的测试。利用电子钟或手表的秒计时对电子秒表进行校准。

五、思考题

1. 请说明电子秒表整个设计步骤和调试过程。
2. 试分析在电子秒表调试过程中发现的主要问题并说明排除故障的方法。

实验十七

汽车尾灯控制电路设计

一、设计要求

假设汽车尾部左右两侧各有三个指示灯（用发光二极管模拟），要求是：汽车正常运行时指示灯全灭；右转弯时，右侧3个指示灯按右循环顺序点亮；左转弯时左侧3个指示灯按左循环顺序点亮；临时刹车时所有指示灯同时闪烁。

二、设计任务及步骤

汽车尾灯控制电路原理框图如图17－1所示。

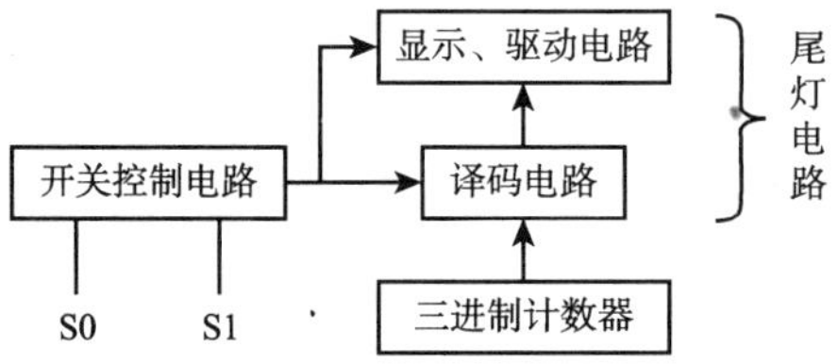

图17－1　汽车尾灯控制电路原理框图

1. 尾灯与汽车运行状态表（见表17－1）。

表17－1

开关控制		运行状态	左尾灯	右尾灯
*S*1	*S*0		*D*4、*D*5、*D*6	*D*1、*D*2、*D*3
0	0	正常运行	灯灭	灯灭
0	1	右转弯	灯灭	按 *D*1、*D*2、*D*3 顺序循环点亮
1	0	左转弯	按 *D*4、*D*5、*D*6 顺序循环点亮	灯灭
1	1	临时刹车	所有的尾灯随时钟 *CP* 同时闪烁	

2. 总体框图。由于汽车左右转弯时，三个指示灯循环点亮，所以用三进制计数器控制译码器电路顺序输出低电平，从而控制尾灯按要求点亮。由此得出在每种运行状态下，各指示灯与各给定条件（*S*1、*S*0、*CP*、*Q*1、*Q*0）的关系，即逻辑功能表如表 17 - 2 所示（表中 0 表示灯灭状态，1 表示灯亮状态）。

表 17 - 2

开关控制		三进制计数器		六个指示灯					
*S*1	*S*0	*Q*1	*Q*0	*D*6	*D*5	*D*4	*D*1	*D*2	*D*3
0	0	/	/	0	0	0	0	0	0
0	1	0	0	0	0	0	1	0	0
		0	1	0	0	0	0	1	0
		1	0	0	0	0	0	0	1
1	0	0	0	0	0	1	0	0	0
		0	1	0	1	0	0	0	0
		1	0	1	0	0	0	0	0
1	1	/	/	*CP*	*CP*	*CP*	*CP*	*CP*	*CP*

3. 单元电路。三进制计数器电路可由双 J - K 触发器 74LS76 构成，读者可根据表 17 - 2 自行设计。

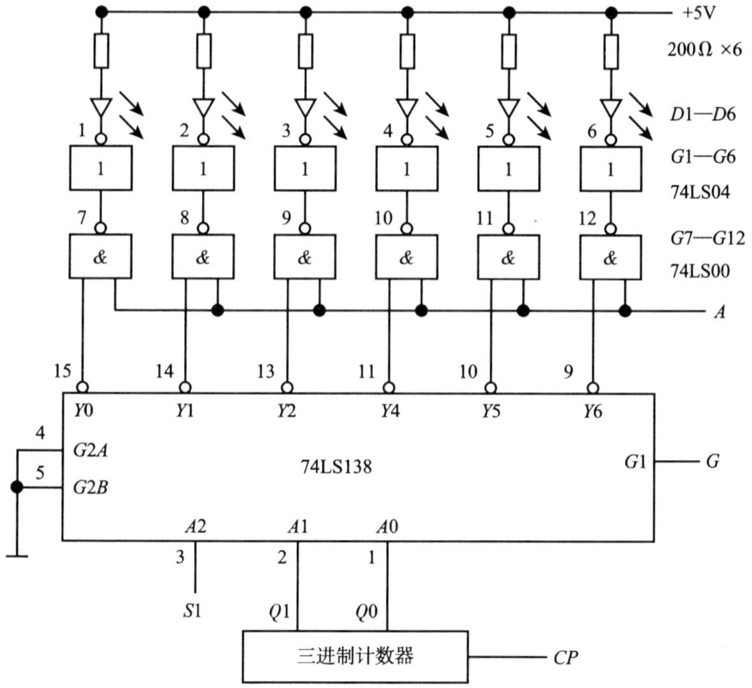

图 17 - 2　尾灯电路

汽车尾灯电路如图 17－2 所示，其显示驱动电路由 6 个发光二极管和 6 个反相器构成；译码电路由 3 线－8 线译码器 74LS138 和 6 个与非门构成。74LS138 的三个输入端 A2、A1、A0 分别接 S1、Q1、Q0，而 Q1Q0 是三进制计数器的输出端。当 S1＝0，使能信号 $A=G=1$，计数器的状态为 00，01，10 时，74LS138 对应的输出端 $\overline{Y}_0$、$\overline{Y}_1$、$\overline{Y}_2$ 依次为 0 有效（$\overline{Y}_4$、$\overline{Y}_5$、$\overline{Y}_6$ 信号为“1”无效），即反相器 G1～G3 的输出也依次为 0，故指示灯 D1→D2→D3 按顺序点亮示意汽车右转弯。若上述条件不变，而 S1＝1，则 74LS138 对应的输出端 $\overline{Y}_4$、$\overline{Y}_5$、$\overline{Y}_6$ 依次为 0 有效，即反相器 G_4～G_6 的输出端依次为 0，故指示灯 D4→D5→D6 按顺序点亮示意汽车左转弯。当 $G=0$，$A=1$ 时，74LS138 的输出端全为 1，G6～G1 的输出端也全为 1，指示灯全灭；当 $G=0$，$A=CP$ 时，指示灯随 CP 的频率闪烁。

对于开关控制电路，设 74LS138 和显示驱动电路的使能端信号分别为 G 和 A，根据总体逻辑功能表分析及组合得 G、A 与给定条件（S1、S0、CP）的真值表，如表 17－3 所示，由表 17－3 结果整理得逻辑表达式为：

$$G=S_1 \oplus S_0$$

$$A=\overline{S_1 S_0}+S_1 S_0$$

$$CP=\overline{\overline{S_1 S_0} \cdot \overline{S_1 S_0 CP}}$$

表 17－3

开关控制		CP	使能信号	
S_1	S_0		G	A
0	0		0	1
0	1		1	1
1	0		1	1
1	1	CP		CP

由上式得开关控制电路，如图 17－3 所示。

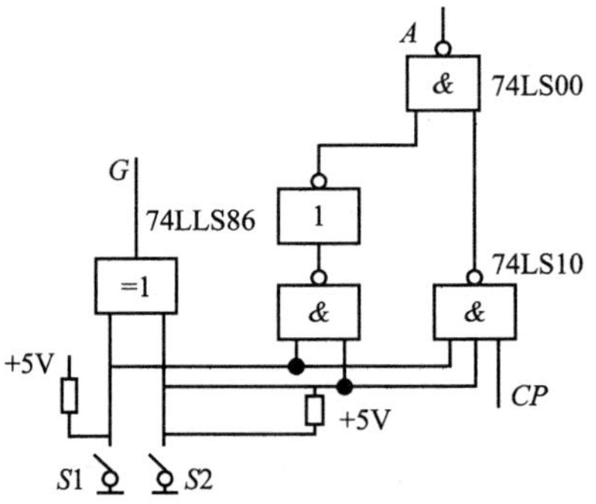

图 17－3　开关控制电路

三、参考电路

汽车尾灯总体参考电路如图 17－4 所示。

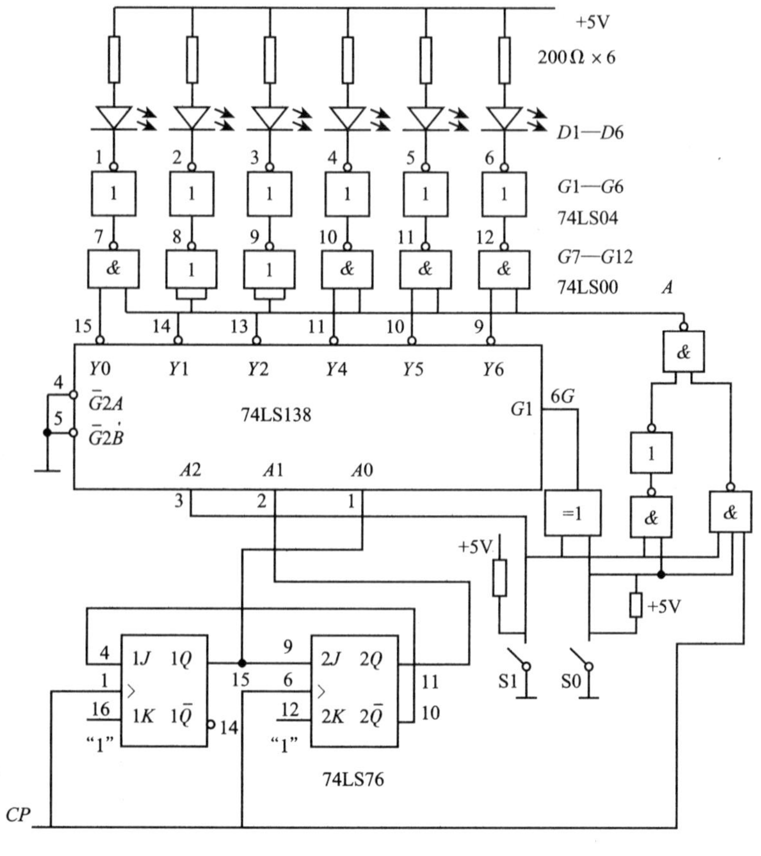

图 17－4　汽车尾灯总体电路

四、设计应完成的技术文件

（1）根据总体要求进行总体方案设计；

（2）具体单元电路设计；

（3）计算元件参数，并选择相应的元器件型号，列出元器件清单；

（4）画出完整的原理电路图。

五、设计报告

1. 分析汽车尾灯电路各部分功能及工作原理。
2. 总结数字系统的设计、调试方式。
3. 分析设计中出现的故障及解决办法。

实验十八

篮球竞赛24s计时器电路设计

一、设计任务及具体功能要求

1. 具有显示24s的计时功能。
2. 设置外部操作开关，控制计时器的直接清零、启动和暂停/连续功能。
3. 计时器为24s递减计时器，其计时间隔为1s。
4. 计时器递减计时到零时，数码显示器不能灭灯，应发出光电报警信号。

二、设计具体步骤

1. 绘制原理框图。根据功能要求，绘制原理框图（如图18－1所示），该图包括秒脉冲发生器、计数器、译码显示电路、辅助时序控制电路（简称控制电路）和报警电路等5个部分。其中，计数器和控制电路是系统的主要部分。计数器完成24s计时功能，而控制电路具有直接控制计数器的启动计数、暂停/连续计数、译码显示电路的显示和灭灯等功能。为了保证满足系统的设计要求，在设计控制电路时，应正确处理各个信号之间的时序关系。在操作直接清零开关时，要求计数器清零，数码显示器灭灯。当启动开关闭合时，控制电路应封锁时钟信号CP（秒脉冲信号），同时计数器完成置数功能，译码显示电路显示24s字样；当启动开关断开时，计数器开始计数；当暂停/连续开关拨在暂停位置上时，计数器停止计数，处于保持状态；当暂停/连续开关拨在连续时，计数器继续递减计数。另外，外部操作开关都应采取去抖动措施，以防止机械抖动造成电路工作不稳定。

2. 单元电路。8421BCD码24进制递减计数器是由74LS192构成的，如图18－2所示。24进制递减计数器的预置数为N＝(0010 0100) 8421BCD＝(24) D。它的计数原理是，每当低位计数器的$\overline{BO}$端发出负跳变借位脉冲时，高位计数器减1计数。当高、低位计数器处于全0，同时在$CP_D=0$期间，高位计数器$\overline{BO}=\overline{LD}=0$，计数器完成异步置数，之后$\overline{BO}=\overline{LD}=1$，计数器在$CP_D$时钟脉冲作用下，进入下一轮减计数。

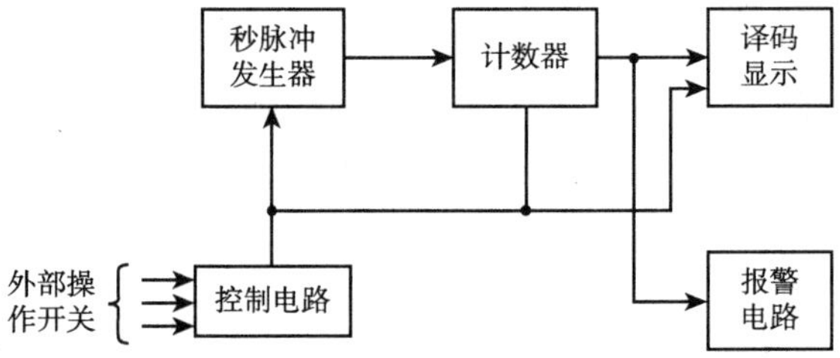

图 18－1　24 秒计时器的总体参考方案框图

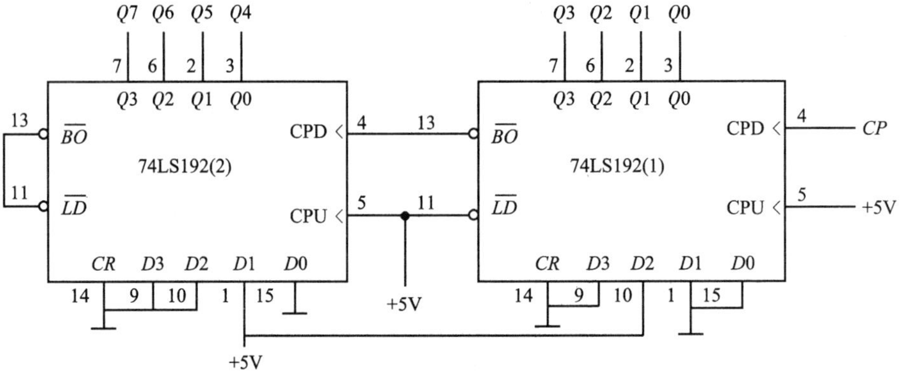

图 18－2　8421BCD 码 24 进制递减计数器

辅助时序控制电路如图 18－3 所示。图中，与非门 *G*2、*G*4 的作用是控制时钟信号 *CP* 的放行与禁止，当 *G*4 输出为 1 时，*G*2 关闭，封锁 *CP* 信号；当 *G*4 输出为 0 时，*G*2 打开，放行 *CP* 信号，而 *G*4 的输出状态又受外部操作开关 *S*1、*S*2（即启动、暂停/连续开关）的控制。

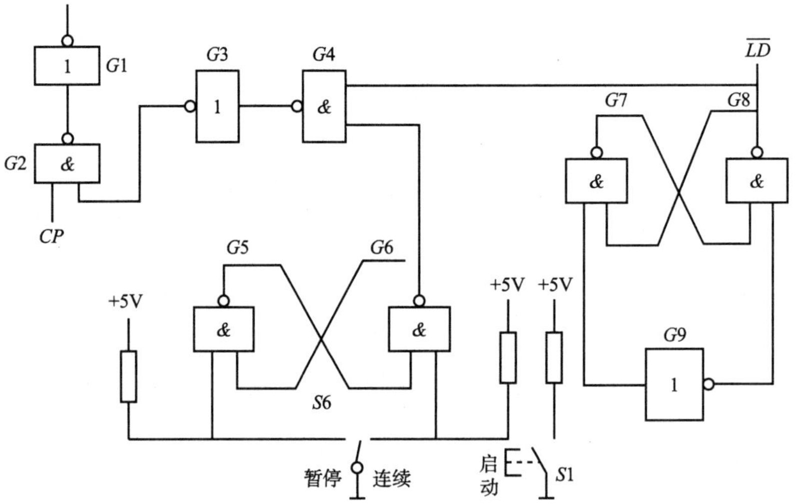

图 18－3　辅助时序控制电路

三、参考电路

篮球禁赛 24s 计时器参考电路如图 18－4 所示。

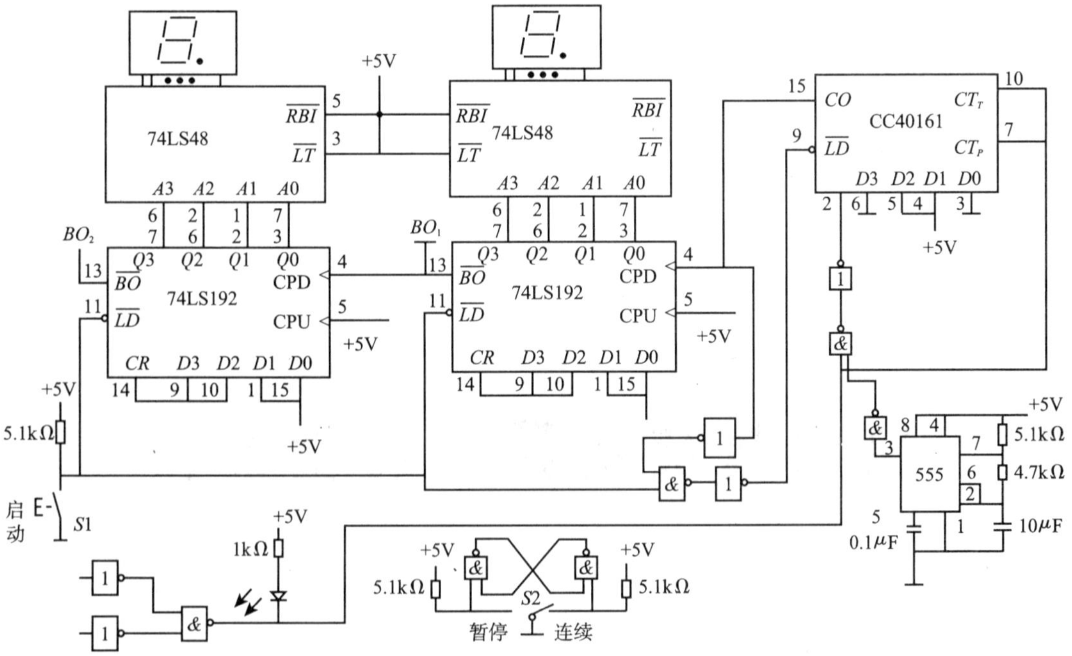

图 18－4　篮球竞赛 24s 计时器参考电路

四、设计应完成的技术文件

1. 根据总体要求进行总体方案设计。
2. 具体单元电路设计。
3. 计算元件参数，并选择相应的元器件型号，列出元器件清单。
4. 画出完整的原理电路图。

五、设计报告

1. 分析篮球赛 24s 计时电路各部分功能及工作原理。
2. 总结数字系统的设计、调试方法。
3. 分析设计中出现的故障及解决办法。

附　录

常用集成电路引脚功能图

1. 74SL00 四 2 输入与非门。

$$Y=\overline{AB}$$

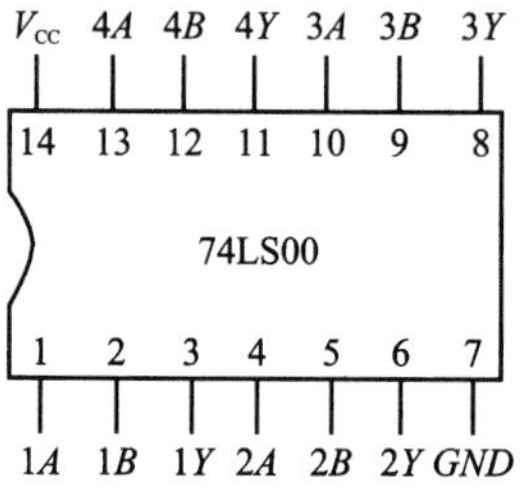

2. 74LS04 六后相器。

$$Y=\overline{A}$$

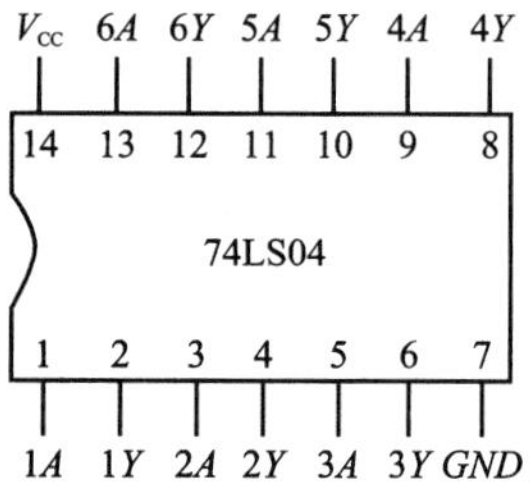

3. 74LS02 四 2 输入或非门。

$$Y=\overline{A+B}$$

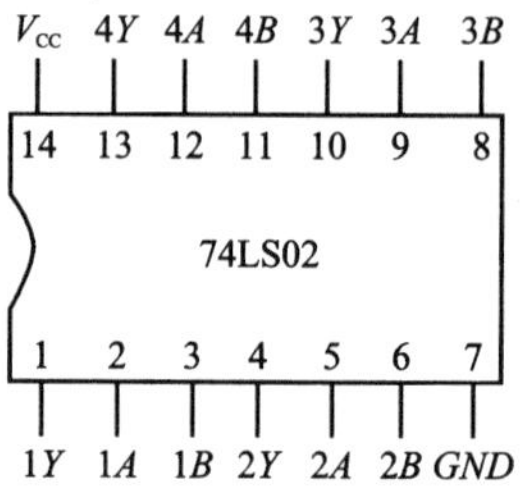

4. 74LS86 四 2 输入异或门。

$$Y=A\oplus B$$

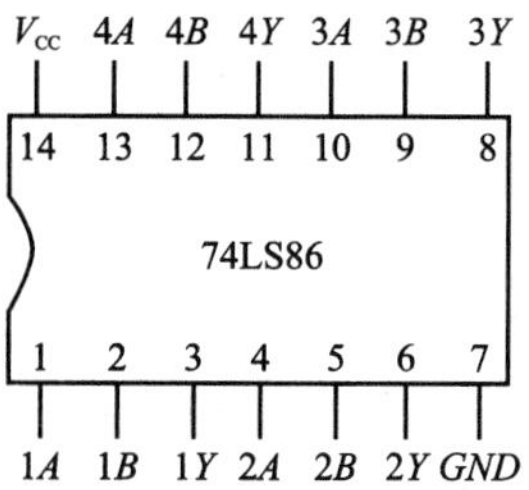

5. 74LS32 四 2 输入或门。

$$Y = A + B$$

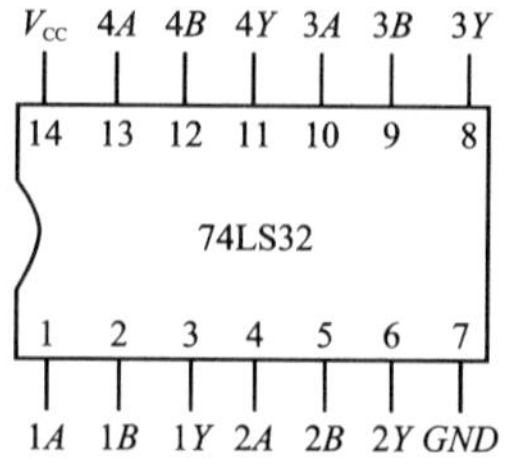

6. 74LS08 四 2 输入与门。

$$Y = A \cdot B$$

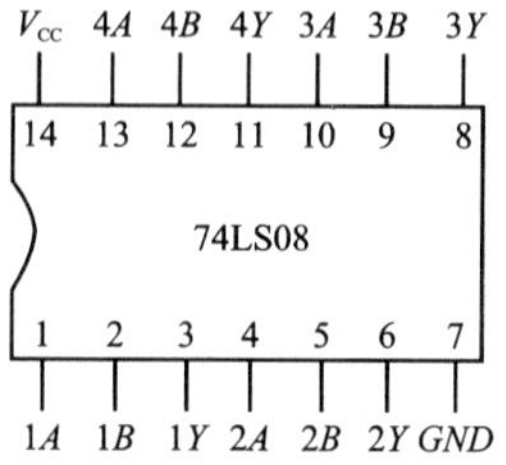

7. 74LS125 三态门。

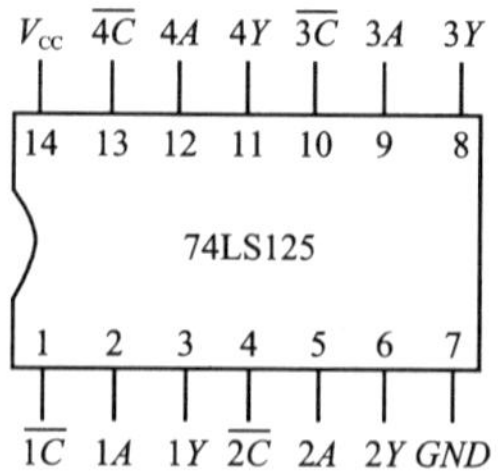

8. 74LS20 双四输入与非门。

$$Y = \overline{A \cdot B \cdot C \cdot D}$$

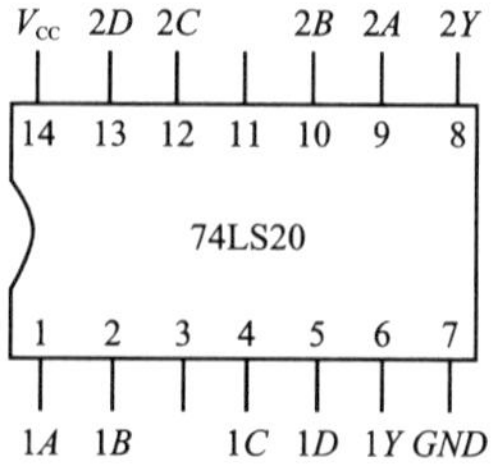

9. 74LS74 双 *D* 触发器。

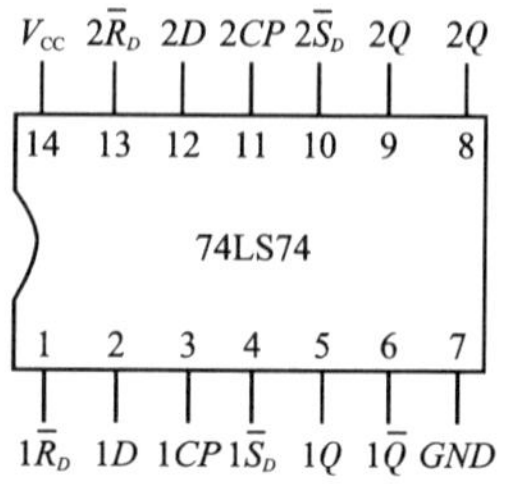

10. 74LS112 双 J－K 触发器。

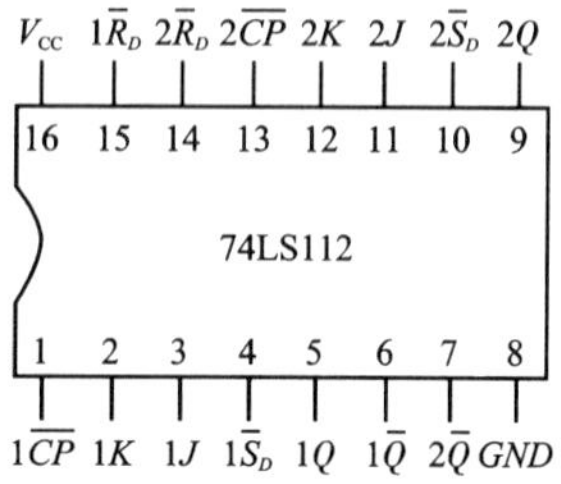

11. 74LS138 3－8 译码器。

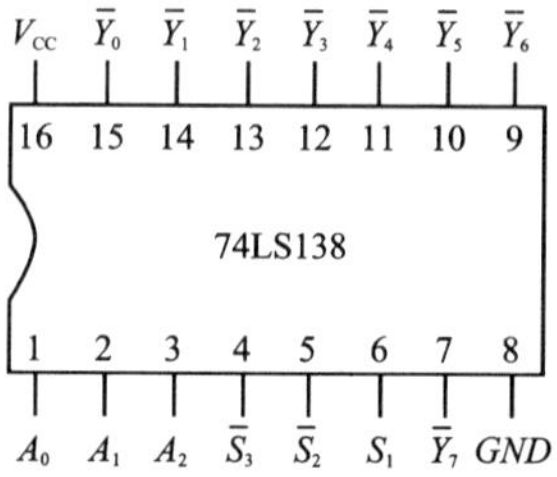

12. 74LS151 8 选 1 数据选择器。

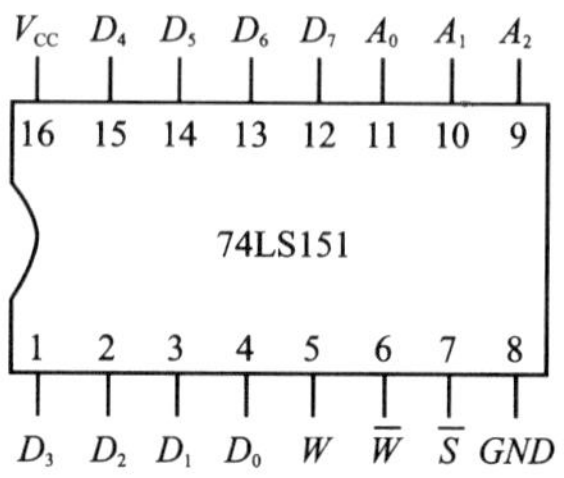

13. 74LS153 4 选 1 数据选择器。

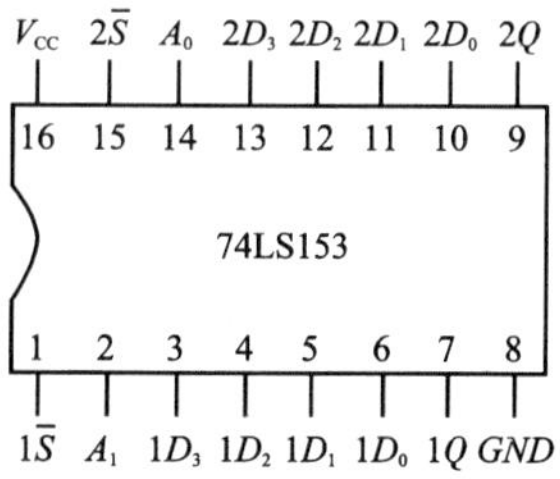

14. 74LS139 双 2－4 译码器。

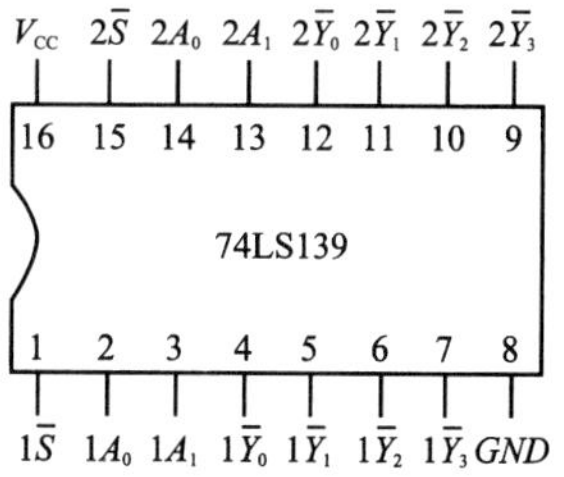

15. 74LS161 4 位二进制同步计数器。

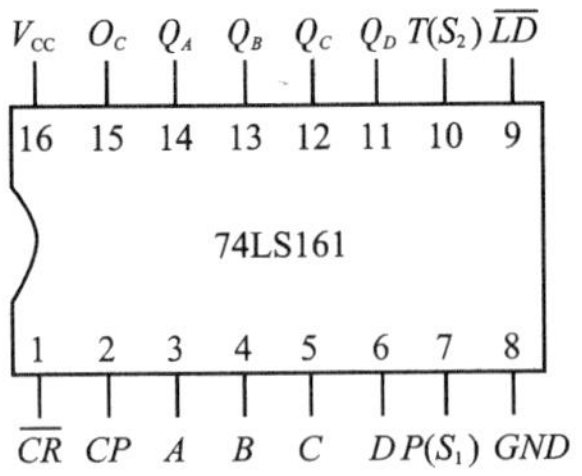

16. 74LS290 二－五－十进制异步计数器。

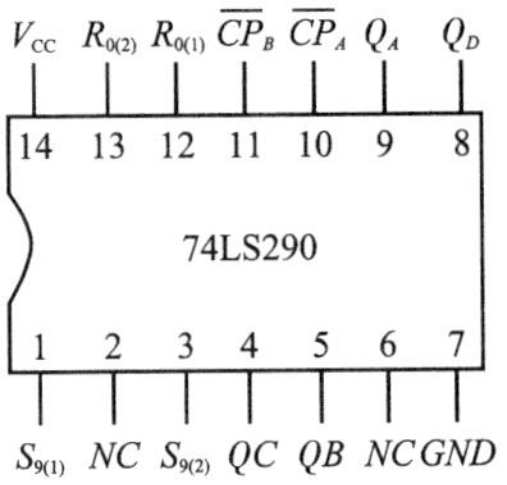

17. 74LS194 四位双向位寄存器。

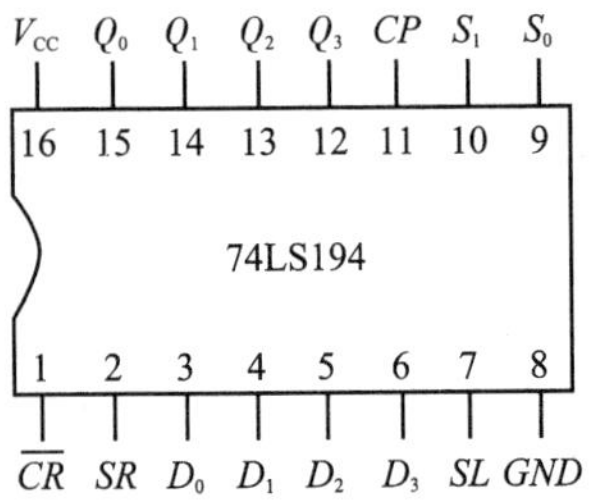

18. 74LS47 *BCD* 码七段译码器。

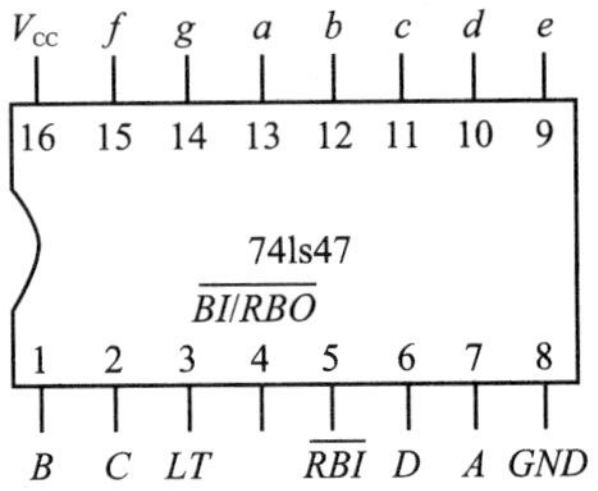

19. CC4011 四 2 输入与非门。

$$Y=\overline{A\cdot B}$$

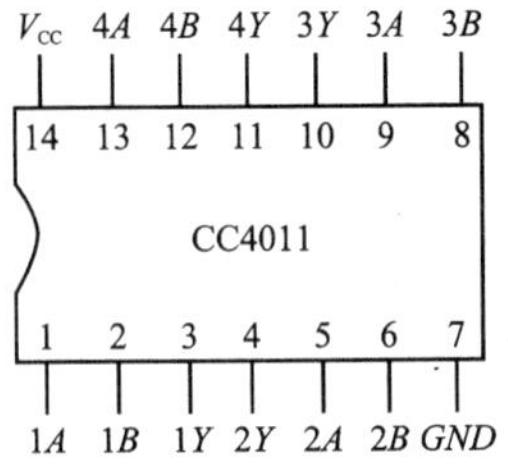

20. CC4071 四 2 输入或门。

$$Y=A+B$$

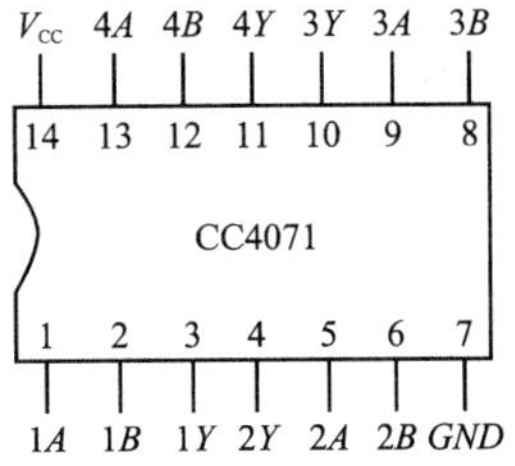

21. 555 定时器。

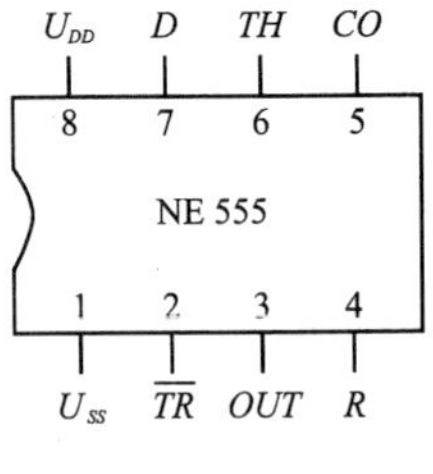

22. DAC0832 数模转换器。

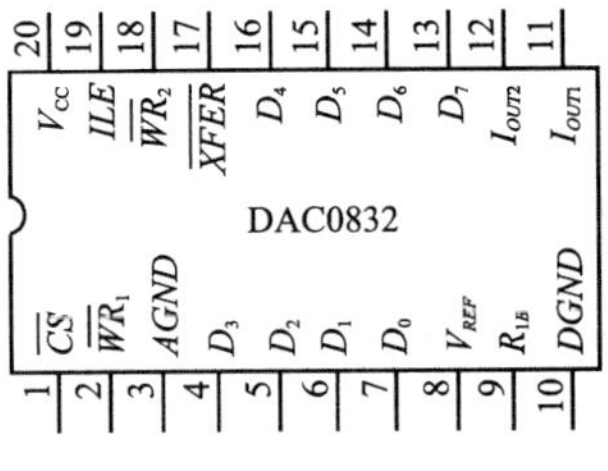

23. ADC0809 模数转换器。

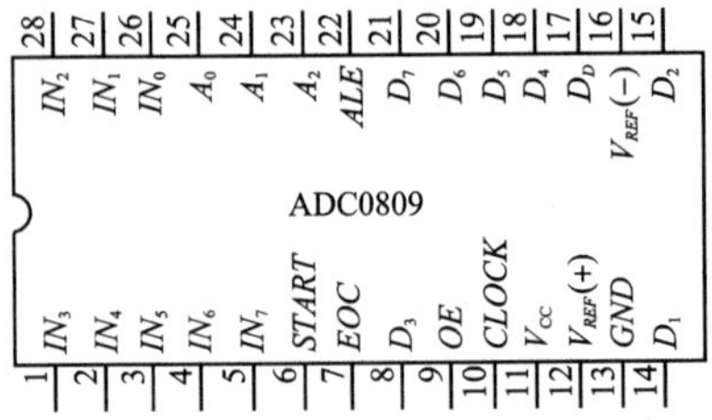

参考文献

1. 刘勇．数字电路（第三版）．电子工业出版社，2007
2. 阎石．数字电子技术基础．高等教育出版社，1999
3. 蔡惟铮．电子技术基础（数字部分）．高等教育出版社，2005
4. 康华光．电子技术基础（数字部分）．高等教育出版社，2005
5. 侯传教．数字逻辑电路实验．电子工业出版社，2009
6. 郁汉琪．数字电路实验及课程设计指导书．中国电力出版社，2007
7. 范文兵．数字电子技术基础（第 1 版）．清华大学出版社，2007
8. 刘常澍．数字逻辑电路．高等教育出版社，2008